ÉLOGE HISTORIQUE

DE L'IMPRIMERIE.

IMPRIMERIE DE Mme PORTHMANN,
RUE SAINTE-ANNE, 43.

ÉLOGE HISTORIQUE

DE

L'IMPRIMERIE,

AUGMENTÉ

D'UNE RÉFUTATION

DES DEUX OUVRAGES :

CONSPECTUS ORIGINUM TYPOGRAPHICARUM (1761), et *ORIGINES TYPOGRAPHICÆ* (1766),

DE M. MEERMAN.

PAR JULES PORTHMANN.

Paris.

A. PORTHMANN, ÉDITEUR,

RUE SAINTE-ANNE, 43.

1856.

AVIS DE L'ÉDITEUR.

Cet *Éloge de l'Imprimerie*[*], qui est publié pour la troisième fois, n'aurait pas reparu, si une circonstance fortuite, mais bien heureuse, n'y avait porté l'Éditeur.

En cherchant curieusement dans ce nombreux amas de papiers

---

[*] L'*Éloge de l'Imprimerie* eut deux éditions consécutives en 1810.

Voici ce que disait le *Journal de l'Empire* de cet ouvrage :

« Cette brochure est mal nommée : c'est un discours académique, un éloge,
» un hymne, un poème, c'est tout ce que l'on voudra; mais ce n'est point un
» essai historique. Je n'y trouve point ce ton calme, sage et grave qui sied à
» l'histoire et à la dissertatiou. Ce sont à toutes les pages des mouvemens ora-
» toires, des périodes nombreuses, des comparaisons poétiques, des figures am-
» bitieuses, des apostrophes, des métaphores.

. . . .

« La lecture de ce petit ouvrage m'a prouvé que l'auteur a de l'esprit, de
» l'imagination ; qu'il a beaucoup de facilité pour écrire ; qu'il a lu avec fruit
» quelques-uns des auteurs qui ont traité de l'imprimerie, Prosper Marchand,
» entre autres. Je crois aussi, car il faut tout dire, qu'il est extrêmement jeune,
» qu'il n'a pas encore assez d'étude pour bien connaître les limites des genres, pour
» savoir qu'une dissertation doit être écrite avec simplicité ; que les mouvemens
» et les grandes figures y sont toujours déplacés ; en un mot, que s'il faut un

sans ordre que laisse un auteur emporté à la fleur de son âge[*] et dans la vigueur du travail, il découvrit une brochure que son père n'avait pas répandue, et qui était parfaitement complète ; une dissertation sur l'origine de l'imprimerie, dissertation accompagnée de citations et de renvois aux originaux.

Voici l'histoire de cette dissertation, achevée en 1810.

Après avoir publié sa seconde édition de l'*Eloge de l'Imprimerie*, Jules Porthmann eut connaissance de deux ouvrages de M. Meerman : *Origines typographicæ* et *Conspectus originum typographicarum*. Ces ouvrages étonnaient l'opinion générale, qui était depuis long-temps différente. Cependant comme M. Meerman passait pour fort érudit ; que l'on savait qu'il avait sacrifié une partie de sa vie à des recherches sur l'origine de la Typographie, on était porté à le croire sur la foi de Junius et d'Atkins, ses seules autorités.

Jules Porthmann, qui s'était fait une opinion toute autre sur l'origine de l'imprimerie, opinion qu'il avait basée sur toutes ses recherches, soit littéraires, soit typographiques, voulut arrêter l'entraînement des savans vers celle de M. Meerman.

Il fit donc sa dissertation.

» certain luxe historique dans un Essai historique sur l'Imprimerie, ce doit être » uniquement celui des recherches et de l'érudition. »

La *Gazette de France* avait fait à cette brochure un accueil plus flatteur.

. . . .

« Cet ouvrage fait infiniment d'honneur à M. Porthmann ; son style est pur, « rapide, animé, tout plein de cette chaleur que peut seul communiquer le « génie des beaux-arts. »

Au reste, la rapidité avec laquelle s'épuisa la première édition de l'*Éloge de l'Imprimerie* prouve bien plus en sa faveur que toutes les critiques.

[*] L'Auteur mourut, en 1820, à l'âge de vingt-neuf ans ; il en avait dix-neuf lorsqu'il mit au jour sa brochure sur l'Imprimerie.

Mais il avait été irrité des fables ridicules que le traducteur hollandais, M. Gockinga, avait ajouté aux récits déjà peu vraisemblables de M. Meerman ; il y eut dans sa plume du fiel contre M. Gockinga. La dissertation finie, il la trouva trop vive, et, pour éviter une guerre littéraire, il ne voulut point la mettre au jour ; il ne voulut pas non plus la remettre sur le métier ; elle demeura dans les ténèbres d'un carton, d'où j'essaie de la tirer aujourd'hui. Les personnes qu'il combat n'existant plus, il ne s'agit ici que de l'intérêt de la vérité.

Quelques savans, en traitant cette question, ont servilement suivi le système de M. Meerman ; ils avaient lu trop légèrement et sans connaissance de l'art ce qu'on a écrit sur l'Imprimerie. Je leur donne aujourd'hui le livre d'un homme qui a bien examiné ces ouvrages et discerné les erreurs de leur auteur contre l'art Typographique. J'espère les ramener à une croyance déjà affermie par quatre siècles d'existence, et appuyée de nombreuses preuves puisées aux originaux.

J'ai cru devoir faire précéder cette *Réfutation* de l'*Éloge de l'Imprimerie*, pour qu'elle ne demeurât pas isolée. Heureux de réunir, dans la publication de ces deux écrits, des renseignemens utiles à la Science et un hommage à la Mémoire de mon Père !

ÉLOGE HISTORIQUE

DE L'IMPRIMERIE.

HENRI ÉTIENNE.

J'ESSAIE de retracer la naissance et les progrès d'un art inconnu de l'antiquité, d'un ingénieux système, parvenu, de nos jours, au terme de la perfection ; j'essaie de le montrer protégé, dès le berceau, par un prince ami des lettres et du vrai mérite [1], recevant par degrés plus d'accroissement et de force, et brillant d'un nouvel éclat par les soins du héros protecteur des beaux-arts [2].

Une noble ambition inspirerait sans doute à plus d'un littérateur la pensée d'entreprendre l'éloge de l'imprimerie, s'il n'était maintenant consacré par la voix de chaque génération, et si le tems n'avait

---

[1] Maittaire, qui a écrit l'histoire de plusieurs imprimeurs célèbres, s'exprime ainsi au sujet de François Ier :

« .... Ludovico duodecimo successit Franciscus, rex hujus nominis primus,
« ad cujus regiam majestatem species imperio digna, ingenium, litterarum amor,
« comitas, rerum peritia, jam in illâ ætate, accedebant... Tacere itaque non potui
« eximium illum artium omnium Mecenatem, sub cujus auspiciis typographia
« à fundamentis ad culmen perducta est. Hujus fundamenta Parisiis posuisse,
« maximæ laudi HENR. STEPHANO fuerit, et si id solum esset, quod de co
« memoriæ proderetur.
              « *Stephanorum Historia.* »

[2] Cet ouvrage fut fait sous l'Empire. (*Note de l'éditeur.*)

mis cette profession estimable au-dessus de toute louange. Mais après plus de trois cents ans, ses annales lui servent de titres à l'immortalité ; l'esprit ou l'éloquence ne rendraient sa gloire ni plus insigne ni plus durable, et l'artiste jaloux de la célébrer, n'a que l'histoire à consulter et la tradition à recueillir.

La guerre et les années avaient changé la situation de l'Europe, depuis la chûte de l'empire romain; les sciences plongées dans le chaos pendant le règne des Barbares, ne sortaient pas encore de leur profond sommeil, quand l'Allemagne vit se développer les premiers essais de la Typographie.

Charles VII régnait alors sur la France, et les divisions intestines, autant que les querelles étrangères, s'opposaient au renouvellement des arts. D'un coup-d'œil, on voyait l'univers livré aux plus cruelles dissensions, l'Asie encore effrayée des batailles de Tamerlan et de Bajazet; l'Empire des latins penchant vers sa ruine; la Hongrie s'efforçant de résister aux armes d'Amurat; l'Angleterre souffrant du gouvernement d'un roi faible et des factions de Glocester; et la discorde étendant ses ravages d'un bout du monde à l'autre, quand les lettres restaient dans un honteux oubli.

Au milieu de ces désordres et de cet exil du génie, les Muses parurent jeter un regard favorable sur nos contrées. Les siècles mémorables de la Grèce et de Rome fuyaient avec trop de rapidité pour laisser après eux d'autres traces que des monumens et des souvenirs. L'Europe attendait une révolution; une ville obscure en fut le théâtre; un homme depuis illustre en devint l'instrument [1].

---

[1] Suivant Schedel, en sa *Chronique des Chroniques,* fol° 152, Érasme, Trithême, Altamerus et Conrad Celtes, l'imprimerie fut découverte à Mayence. Mais l'opinion de Wimphelinge, de Naudé et de plusieurs autres, est qu'elle fut inventée d'abord à Strasbourg et perfectionnée ensuite à Mayence.

Quant à la partie de l'Europe qui vit naître l'imprimerie, il est formellement reconnu par tous les bons auteurs que ce fut l'Allemagne. C'est le sentiment de Robert Gaguin, de Laurens Walle, d'Angelus Politianus, de Nicolaus Perottus, de Philippe Béroalde, de Marius Grapaldus, de Junanius Maius, de Paul Langius, de Mathieu de Luna, et surtout de Mallinkrott.

C'était à cette époque d'infortune et de stérilité que nous devions obtenir d'un artiste ignoré la plus heureuse de nos inventions. Sans guide, sans lumières, nous devions découvrir ce que les anciens, nos modèles et nos maîtres, n'avaient jamais tenté de pénétrer! Une contradiction aussi étrange renversait peut-être des idées quelquefois proposées et reçues; peut-être aussi tendait-elle à démentir la haute opinion que l'on avait conçue de l'antiquité; mais le sort voulut dicter ainsi ses lois à l'esprit humain.

De même qu'au milieu des frimas germe en secret la jeune plante qui doit au printemps embellir nos parterres, de même, dans les siècles d'ignorance, se préparent et se développent les plus riches conceptions. Le génie, comme la nature, semble avoir ses saisons : il paraît, il croît, il s'élève, il s'éteint; comme elle, il périt pour renaître.

Nous nous reportons quelquefois idéalement vers ces tems malheureux où le prix d'un livre excédait les richesses du littérateur, où l'on échangeait, sans balancer, une somme immense contre un ouvrage utile et rare [1] ; nous nous rappelons le pesant et orgueilleux pédantisme, caché sous le masque du mérite, et ne pouvant qu'étonner, sans la convaincre, la foule qu'il cherchait à séduire. Souvent alors, les opinions les plus bizarres, les plus fausses ou les plus controversées, s'exposaient librement, sans redouter les atteintes d'une critique peu éclairée, ou soumise à l'esprit de parti. Le talent, resserré dans d'aussi étroites limites, rencontrait difficilement des admirateurs et des juges. C'était beaucoup d'étudier les anciens auteurs, c'était beaucoup de pouvoir les entendre, quel infatigable lecteur eût pu se livrer a l'examen sérieux des nouveautés frivoles ou savantes ? Une foule de productions consacrées par une longue expérience et par

---

[1] Plusieurs auteurs ont attesté ce fait presque incroyable.—Acciaioli, Antonius Bononia, Becatellus, Gaguin, Paul Jove, et un grand nombre d'autres, ont écrit sur ce sujet, et citent même quelques traits historiques qui l'appuyaient. Nostradamus, dans sa cinquième partie de l'*Histoire de Provence*, page 516, dit que, dans un testament rédigé de son tems, quelques volumes manuscrits furent laissés par succession à la fille d'un grand seigneur, et qu'on regardait ce legs comme précieux et considérable.

le bon goût, restaient encore dans l'oubli, que pouvaient espérer les écrivains modernes?

Homère et Démosthènes, Cicéron et Virgile, l'illustre réunion des poètes, des orateurs, des philosophes de la Grèce et de Rome, inconnus à la plus grande partie du peuple, vieillissaient sur d'antiques parchemins, dans les murs d'un cloître, ou dans l'enceinte de quelques bibliothèques isolées et particulières ! Combien alors cette ignorance et cette pénurie ne nous plaçaient-elles pas au-dessous des anciens ! Dépourvus, comme nous, de l'art ingénieux qui multiplie la pensée, ils avaient su former cependant d'immenses collections, et ériger aux lettres de nombreux sanctuaires. Pergame, Alexandrie, Apamée, Rome et Constantinople vivaient encore dans la mémoire du petit nombre d'hommes instruits que renfermait la France; mais l'illusion du faste que les monarques orientaux déployaient dans ces nobles institutions, mais l'image des trésors que renfermaient les bibliothèques de Rome et de tout l'Occident, se perdaient dans une longue tradition: elles semblaient n'avoir un moment existé que pour enlever l'espérance de les voir jamais se reproduire.

Cicéron, Lucullus, César, s'étaient distingués par leur opulence littéraire; les Arabes, au 10e siècle, et sous le règne d'Almanzor, avaient cultivé les sciences, ils en avaient conservé des preuves, et la France ne comptait pas même une bibliothèque considérable avant Charlemagne! Un empire entier ne pouvait posséder ce qui n'avait été qu'une faible partie du luxe d'un simple citoyen; un état policé ne pouvait suivre le modèle respectable que laissait un peuple devenu barbare! Il fallut donc tout attendre du hasard et de nos progrès. A force de constance, d'application et de travaux, plusieurs collections écrites furent publiées; mais quand elles parurent, combien ne dut-on pas redouter les erreurs, les contre-sens, les dates fausses, les omissions, et tous les défauts inséparables de la copie !

Quelques savans consultaient cependant ces livres avec le sentiment de vénération qu'excitent les augustes restes de nos grands maîtres ; mais, en même tems, ne devaient-ils pas concevoir l'idée pénible que faisait naître la crainte de s'en voir privés? Ne gardait-on pas encore le souvenir de l'invasion des Huns, des Bulgares et des Goths, des dévastations des Iconoclastes, et même de l'incendie involontaire causé par Jules-César à Alexandrie? Et si un fatal événement désolait de nouveau le dernier et le seul asile de la littérature, qui pouvait remplacer les chefs-d'œuvre perdus?

Sous le règne et par les soins de Charlemagne, les Français avaient un moment, il est vrai, conçu l'espoir de se livrer à l'étude, et de voir fleurir les arts. De nombreux colléges, une académie, une bibliothèque, fondés par ce monarque, bien digne du nom de Grand, avaient annoncé et réalisaient d'abord de si favorables présages; mais on vit rapidement s'évanouir cette heureuse attente: Charles mourut pour le monde et pour les sciences. Ses entreprises, ainsi paralysées dès le berceau, furent soutenues avec trop peu de zèle; et la vente de la bibliothèque, ordonnée par son testament, pour le soulagement des pauvres du royaume, fut une nouvelle cause de ruine pour ses institutions.

On ne saurait, il faut l'avouer, accorder assez d'éloges au petit nombre d'auteurs qui surent alors s'élever au-dessus de la médiocrité. De quelle vaste imagination ne fallait-il pas que la nature eût pourvu un disciple des Muses, pour que, sans secours littéraires, privé de tous les moyens nécessaires à ses recherches, sans modèle devant les yeux, sans guide pour l'éclairer, il parvînt à former, à mûrir son jugement, et à étonner la France par ses conceptions savantes et hardies !

Ce n'était pas seulement dans cette route difficile que le génie languissait; les arts étaient peut-être ignorés davantage et environnés de ténèbres plus épaisses. La peinture, la sculpture, la musique, dans une enfance avilissante pour nos contrées, attendaient les grands hommes pour sortir de l'oubli; la marine et le commerce n'avaient ni lois ni réglemens; la mécanique était presque inconnue; et tout ce qui tient à l'habileté de la main, comme à la finesse de l'esprit, était réservé pour des siècles plus heureux.

C'est en rassemblant ces réflexions et en s'environnant de pareils souvenirs, que l'on paie un juste tribut d'admiration à celui qui, tout-à-coup, découvrit un secret aussi important pour la littérature, qu'il était étonnant sous le rapport de la mécanique. Une telle invention tenait sans doute du prodige, à cette époque, où, satisfaits du passé, nos pères n'osaient présager un avenir plus riche de lumières; à une époque où les intrumens les plus utiles ne sortaient des doigts de l'artisan que sous une forme grossière, et où l'on ne connaissait d'autres lois, dans les arts, que celle de l'impérieuse nécessité.

Fort seulement de son génie, ce fut cependant sans connaître la carrière qu'il allait parcourir, que Guttemberg essaya de s'y distinguer. — L'expérience et la raison ont, depuis long-tems, rejeté l'idée mensongère qui faisait remonter la naissance de l'imprimerie vers le règne de l'âge d'or, qui l'attribuait à Saturne [1] ; à la divinité, quand elle instruisit Moïse sur le mont Sinaï [2] ; ou, par d'autres versions, en décernait la gloire aux Chinois, aux Mexicains, aux Scythes et aux Tartares [3]. De telles fables répugnent au bon sens comme à la majesté de l'histoire.

Non, rien n'était connu avant les premières tentatives de Guttemberg. Des lettres taillées en relief, il est vrai, avaient déjà paru; mais ces signes, destinés aux coins des médailles ou des monnaies, n'avaient jamais eu d'autre emploi. Le grand-prêtre, chez les an-

---

[1] Prosper Marchand attribue cette idée à Pomponius Lœtus d'Amendolara, qui s'exprime ainsi dans une lettre à Auguste Maphée, rapportée dans les *Sermones Convivales* de Conrad : « *Prætereà multos præcipitat inanis gloriæ spes, et* « *libros imprimendi facultas, multis seculis intermissa, paulò antè revocata.* »

Jean Mathieu de Luna, *de rerum Inventoribus*, dit aussi : « *Impressura litterarum,* « *in Germaniâ, post Christi adventum, comperta fuit : nam antè fidem christianam,* « *Saturnus litteras Italos imprimere docuit.* »

[2] Georg. Pascius, écrivain allemand du 17e siècle, qui fit paraître à Leipsick, vers 1700, son *Tractatus de novis inventis*, a rapporté ce fait dans son chap. VII, page 780, édit. in-4°.

[3] Maffeius, *in Historiâ Indiæ Orientalis*, Garsias ab Horto, Johannes Barrus, Guilandinus Pancirole, Johannes Mendoza, et plusieurs autres, attribuent l'invention de l'imprimerie aux Chinois.

Cette opinion, appuyée du sentiment du Père du Halde, de Martini, Trigaut, Kirker, etc., est assez fortement défendue pour qu'on l'examine sérieusement. A la vérité, les Chinois sont parvenus à graver des planches en bois avec lesquelles ils impriment des almanachs et d'autres livres peu considérables; mais c'est encore aujourd'hui un problème à résoudre que de savoir s'ils sont parvenus à découvrir les caractères mobiles. Dans tous les cas, ces lettres en bois n'auraient que bien peu de rapport avec celles qu'emploie l'imprimerie moderne; et l'on pourrait

ciens Hébreux, avait porté sur ses vêtemens des lettres saillantes[1] ;
un roi de Lacédémone, Agésilas, avait imprimé sur le foie d'une
victime le mot νίκη, pour encourager ses soldats par un heureux
augure[2] ; et à une époque plus récente, l'empereur Justin, à Constantinople, avait formé les lettres de son nom, au moyen d'une
planche où elles étaient gravées à jour[3]. Mais que prouvent de telles
recherches, si ce n'est qu'on avait eu tous les moyens nécessaires
pour parvenir à la découverte, et que l'ignorance générale s'était op-
posée à ce qu'on y arrivât?

Maintenant, que les tems qui précédèrent la fin du 15e siècle ont
passé sous nos yeux, rappelons quelques époques de l'histoire de
Guttemberg. Les circonstances de la vie d'un homme illustre sont
comme ces sites agréables que l'on aime souvent à revoir, quoiqu'ils
nous soient depuis long-tems connus : on ne saurait les parcourir
sans les admirer; on les quitte avec peine, et dès qu'on les retrouve,
ils paraissent embellis d'un nouveau charme. C'est dans les monumens historiques qu'on se plaît à saisir les grandes causes de l'art,
qu'on pénètre le genre de mérite auquel est appelé chaque individu ;

dire, sans être accusé d'exagération, qu'ils n'ont fait que rêver seulement ce que
l'Europe a imaginé, conçu et perfectionné.

Maginus, dans sa *Géographie* (description de l'Amérique); Pierre Montanus,
dans l'*Atlas du marchand*, et le savant Génébrard, regardent les Mexicains comme
les premiers inventeurs de l'imprimerie.

Le même Maginus, au chapitre du royaume de Tangut, avance que les
Tartares la connaissaient plus de mille ans avant nous.

Selon Étienne Zamozius, les Scythes seraient les véritables auteurs de l'imprimerie. Cet écrivain appuie son assertion d'un volume trouvé dans la bibliothèque
du grand-duc de Toscane, et dont les caractères étaient placés du haut en bas,
à peu près comme ceux des Scythes. Mais Træsterius et Prosper Marchand, qui
le citent, ont judicieusement observé que cette preuve n'était d'aucun poids en
faveur de Zamozius. Plusieurs peuples orientaux ont, comme les Scythes, l'ha-
bitude d'écrire de haut en bas, et l'ouvrage trouvé dans la bibliothèque du
grand-duc pourrait bien ne venir que de la Chine.

[1] *Voy*. Dom Calmet, *Dictionnaire de la Bible*, tom. IV, pag. 510.

[2] Plut., *in Agesilao*.

[3] Ce fait est rapporté par l'historien Procope, *in Anecd.*, cap. VI.

c'est là qu'on sépare le héros de l'éclat immortel qui l'environne, et qu'on apprend par quels efforts et quels travaux il a payé ses glorieux succès.

S'il est vrai que la noblesse puisse décorer de ses titres celui-là même à qui la postérité décerna des titres plus augustes encore ; s'il est vrai qu'un homme déjà célèbre reçoive un nouvel honneur de sa naissance et de ses aïeux, l'histoire dira que l'inventeur de l'imprimerie était d'une famille de Strasbourg, ancienne et distinguée, de celle des Zumjungen [1].

Simple gentilhomme, livré à l'étude et à la réflexion, son esprit avait déjà inutilement mûri le projet de lever une empreinte sur des caractères en relief, quand le hasard fit, en partie, ce que Guttemberg n'avait pu saisir. La vue d'un cachet imprimé sur la cire, fut son premier guide [2] (1440) ; elle lui apprit, en même tems, à former une composition gluante [3] dont la teinte imiterait celle de l'écriture, et dont

---

[1] Coccius Sabellicus, écrivain du 15e siècle et disciple de Pomponius Lætus, s'exprime ainsi à ce sujet :

« *Pulcherrimi inventi auctor* Johannes Guttembergius, equestri vir dignitate. »

Paul Langius, bénédictin allemand, auteur d'une Chronique imprimée dans le tome 1er des Écrivains d'Allemagne, dit aussi :

« *Ars imprimendi...... exorta est per Petrum Guttembergium*, equestris ordinis virum. »

Johannes Colle nomme Guttemberg *baron allemand ;* Mallinkrott, Maittaire et Prosper Marchand s'accordent également sur sa famille.

[2] Cette opinion, avancée par Arnaud de Bergelles, est regardée comme la plus vraisemblable. Cet auteur s'exprime ainsi dans son *Encomion Chalcographiæ :*

> Annulus in digitis erat illi occasio prima,
>   Palladium ut cœlo sollicitaret opus.
> Illum tentabat molli committere ceræ,
>   Redderet ut nomen littera scripta suum.
> Respicit archetypos, auri vestigia lustrans,
>   Et secum tacitus talia verba refert :
> « Quàm bellè pandit certas hæc orbita voces,
>   Monstrat et exactis apta reperta libris !
> Quid, si nunc justos, æris ratione reductâ,
>   Tentarem libros scudere mille modis ? »

[3] L'invention de l'encre est attribuée par Polydore Vergile à Schoiffer ; mais nous devons croire avec Prosper Marchand et le plus grand nombre d'auteurs, que ce fut Guttemberg qui la découvrit.

il pourrait couvrir ses caractères. Le premier pas était fait; mais comment parvenir à imprimer facilement, sur l'étendue d'une feuille, une réunion de lettres qui, par leur ténuité, prenaient difficilement l'empreinte, et dont le nombre infini exigeait, pour se rendre lisible, l'action d'une force parfaitement égale, quoique divisée? Guttemberg, enflammé du désir d'arriver à son but, ne fut point découragé : après plusieurs essais admirables et infructueux, la fortune vint encore le servir. Un pressoir attira ses regards [1]; le mouvement de la vis, qui répond à un poids immense, frappa tout-à-coup son imagination ; et victorieux, dans la pensée, des obstacles qui l'arrêtaient, il conçut l'idée de la première presse.

Ce fut alors que voulant mettre à exécution ces nouveaux desseins, Guttemberg quitta sa patrie pour aller à Mayence. Ses plans avaient acquis déjà plus de force et d'étendue; l'expérience commençait à lui servir de guide, et il ne marchait plus en aveugle dans la route qu'il s'était tracée.

De quels obstacles cependant ne le menaçait pas encore l'avenir ! combien étaient faibles ses ressources, à côté de ce qui restait à connaître ! Il voulait multiplier à l'infini les monumens littéraires des modernes, les chefs-d'œuvre de l'antiquité, et pour accomplir de si vastes combinaisons, il avait gravé seulement quelques caractères en relief, sur des tables de bois ; il n'avait trouvé de sa presse que la force principale et l'encre qu'elle devait employer !

Un esprit vulgaire eût été rebuté; mais, pour l'artiste vraiment digne de ce nom, les difficultés ne sont jamais que l'aiguillon du génie : elles s'évanouissent devant la constance laborieuse, elles disparaissent devant le noble amour de la célébrité. Les recherches, les travaux inutiles, avaient ranimé le courage de Guttemberg, bien loin de le glacer: ce qu'une première tentative n'opérait pas, il le répétait; ce que le tems semblait vouloir envelopper dans un secret éternel, il aimait à l'approfondir : éloigné de son but par l'ignorance et la pré-

---

[1] Robora prospexit dehinc torcularia Bacchi,
     Et dixit : « Præli forma sit ista novi. »
            BERGELL., *in Encom.*

Prosper Marchand a essayé de contrarier l'idée d'Arnaud de Bergelles, en traitant ce passage de jeu poétique, dont l'auteur aurait voulu enrichir son ouvrage.

vention, rapproché de la perfection par ses propres lumières, il était partagé entre la nécessité d'apprendre et le besoin de créer. Seul, il eût pu, sans doute, arriver au terme [1] ; mais le sort qui semblait, en l'éprouvant, se jouer de ses résolutions, voulut contrarier ses desseins, et lui suscita des empêchemens plus redoutables.

Guttemberg, rempli d'un vif enthousiasme, n'avait écouté d'abord que la voix du dieu des arts : il avait ambitionné la gloire et avait négligé le soin de sa fortune. Elle dut s'affaiblir promptement, au milieu de tentatives imparfaites ou mal concertées ; elle disparut surtout dans la foule des dépenses qu'entraînait la construction de machines et d'instrumens inconnus : Guttemberg se trouva bientôt sans ressources [2].

Alors parut un nouvel inventeur, Fust, orfèvre de Mayence, homme ingénieux autant qu'habile; Fust, en qui les talens égalaient l'amour des arts, et dont la postérité ne prononcera jamais le nom sans reconnaissance. — Il avait apprécié le mérite de l'imprimeur; il n'hésita pas à lui abandonner ses biens [3], dans l'espoir de l'encourager à tenter de nouvelles expériences. Ce début ne lui suffisait pas : jaloux de partager les honneurs attachés à l'invention, Fust se joignit à Guttemberg ; et après avoir obtenu de lui la révélation du secret, il s'empressa d'unir aux connaissances et à l'activité de son associé, son zèle et ses richesses.

---

[1] Mallinkrott, chanoine de Minden et doyen de Munster, bien loin de convenir de ce fait, n'hésite pas à attribuer entièrement à Fust l'invention de l'imprimerie. Il dit que Guttemberg ayant épousé la fille de Fust (Mallinkrott prend Guttemberg pour Schoiffer), on confondit le gendre avec Fust lui-même (cap. XI, page 73). Dans un autre passage, il dit, en parlant de Fust : « *Nam licèt ego Faustum non dubitem principem esse omnium typographorum, hactenùs tamen quamvis satis curiosè inquisiverim, nullum mihi codicem invenire et conspicere datum est, qui, anno 1459, certo et publico confesso testimonio, antiquior esset, ut infrà latiùs eventilabitur* (cap. **VI**, pag. 55). »

[2] Arnold. Bergellanus, *in Encom.* — Trithême, rapp. par Chevillier, dans son *Origine de l'Imprimerie.*

[3] Henri Salmuth rapporte cette circonstance d'une manière toute différente ; voici sa version :

« Eodem tempore, Moguntiæ commorabatur Johannes Guttembergius, honestis parentibus natus, qui proximè Fausti ædes habitabat. Hic, cùm anidmadvertisset insignem hanc artem typographicam, non solùm omnium ore passim

Alors aussi sortirent de leurs presses les premiers ouvrages prove-
nus, en un seul jour, de la main d'un seul homme [1] ; bientôt leur
atelier laissa voir quelques livres informes, mais bien précieux pour
le tems où ils prenaient naissance. Par leurs soins, le taux énorme
auquel étaient portés les livres d'étude, allait sensiblement diminuer,
et leurs caractères grossiers avaient déjà produit un dictionnaire [2].

Mais, tout à coup, une réflexion imprévue les frappa, elle vint leur
dévoiler l'imperfection de ces premiers travaux. Les planches qu'ils
avaient employées ne pouvaient servir qu'une fois, un vaste magasin
en était rempli ; fallait-il, pour chaque ouvrage, en graver de nouvelles ? Que de tems, quels frais immenses eût exigés une telle méthode ! Ces planches n'imprimaient la gravure que d'un seul côté ;
fallait-il chaque fois réunir les deux feuilles différentes qui avaient
reçu l'empreinte ? Le dégoût, le découragement s'emparent des deux
artistes ; ils hésitaient à continuer de parcourir cette carrière : mais
comment abandonner légèrement le fruit de tant de soins et de veilles ? comment oublier ce qui long-tems a caressé l'imagination ? Un
diamant brut était entre leurs mains, devaient-ils négliger de le polir ?
Laisseraient-ils dans l'enfance une découverte qui leur offrait des
spéculations si brillantes, une science qui leur promettait une récompense honorable ?

Et cependant, la lumière n'arrivait que par degrés, elle arrivait
lorsqu'ils pouvaient à peine l'entrevoir. Guttemberg, après avoir

---

celebrari, sed etiam admodùm lucrosam esse, familiaritatem cum Fausto con-
traxit, et quia opulentus erat, pecuniam ei ad sumptus necessarios obtulit.....
Quapropter Faustus cum Guttembergio convenit et pactus est, ut quidquid in
illud opus impenderetur, communi utriusque lucro vel damno cederet..... Undè
evidenter apparet Guttembergium nequaquàm artis typographicæ inventorem
et primum auctorem esse, etc. »

Ce passage de Salmuth est solidement réfuté par les écrits de Bergellanus, de
Wimphelingius, de Maittaire et de Prosper Marchand. Junius, de son côté,
avance que ce fut Guttemberg qui vola le secret de Laurens Janson, inventeur
de l'imprimerie en 1437.

[1] Campanus, écrivain du 15e siècle, d'abord évêque de Crotone, ensuite de
Teramo, a heureusement rendu cette idée par un seul vers que rapporte Naudé :

Imprimit illâ die quantùm vix scribitur anno.

[2] Salmuth et Hagenbruch disent qu'ils avaient auparavant imprimé un Alpha-
bet et un Donat.

taillé de petits caractères en bois, les avait gravés successivement ; il cherchait à rassembler ces lettres mobiles qui pouvaient servir plus d'une fois........ Tentative malheureuse, elle devait encore échouer ! Il fut impossible de *justifier* et de placer à distance égale des lettres brutes et sans proportions. Soit qu'elles manquassent d'aplomb, soit que l'eau les fît enfler accidentellement, et que la sécheresse les brisât ensuite, soit que le burin ne pût leur faire atteindre la ténuité nécessaire, soit que l'effort de la presse les fatiguât trop, toujours est-il constant qu'après avoir renouvelé ce procédé sous toutes les formes, les deux associés se virent contraints de l'abandonner.

Les lettres de bois étant devenues inutiles, l'idée de Guttemberg et de Fust se porta sur les métaux ; le cuivre, le plomb, l'étain, furent à leur tour éprouvés. Vingt essais se succédèrent ; et la fermeté que présentaient des corps aussi solides, fit penser un instant qu'on avait pénétré le secret véritable. L'eau ne produisait plus aucun effet sur eux ; la lime leur donnait le degré de force ou de hauteur qu'ils devaient atteindre, et une légère lame de fer les réunissait pour en former des mots et des lignes.

Les premiers élémens de l'imprimerie étaient-ils au pouvoir de ceux qui les avaient étudiés avec tant de zèle ? Non, la typographie attendait encore un nouveau maître. L'art était créé sans doute ; mais il ne vivait pas encore, et la méthode nouvelle demandait une exécution si dispendieuse, que Guttemberg se refusait à l'employer. Le désir de l'apprécier entièrement le porta d'abord à s'en servir ; l'expérience la lui fit aussitôt rejeter [1].

Dix années se sont donc écoulées, et dix années n'apportent pas encore de perfection sensible ! Mais souvent un seul jour suffit pour changer la situation des arts, et ce jour ne doit pas tarder à luire.

Un jeune domestique [2], attaché à Fust, épie depuis long-tems les travaux cachés auxquels se livrent ses maîtres. Né avec un esprit vif, entreprenant, placé surtout par la pensée au-dessus de la classe où le sort l'a fait naître, il ressent, au lieu d'une indolente curiosité,

---

[1] Prosper Marchand ajoute même qu'après avoir gravé ces caractères, Guttemberg n'en fit aucun usage.

[2] D'autres font de Schoiffer un clerc du diocèse de Mayence.

cette avidité d'étude, cette infatigable attention, qui n'appartiennent qu'aux grands hommes, et qui décèlent le feu caché du talent véritable. Schoiffer voit ses maîtres, rebutés par d'inutiles tentatives, désespérer de l'entreprise ; et déjà son âme vole au-devant d'un secret qu'il brûle de posséder, parce qu'on le dit impénétrable. Il n'a rien encore saisi, qu'il croit d'avance réussir dans ce que son imagination lui dictera. Tel Newton, dans l'enfance, traça depuis des lignes et des cercles, sans connaître les proportions ni les mathématiques; tel Vaucanson, attentif aux mouvemens d'une horloge, devina sa construction, son mécanisme, et devint artiste lorsqu'il ne croyait qu'observer.

Et l'œil pénétrant de Schoiffer a vu plus encore qu'on ne pourrait lui cacher. Fust et Guttemberg, voulant éprouver son industrie, lui ont découvert leurs caractères imparfaits, leurs presses désormais inutiles ; mais quand ils croient l'instruire, le former à leurs travaux, son esprit inquiet conçoit déjà de nouvelles espérances. A peine Schoiffer a-t-il reçu les premières leçons, qu'il surpasse ceux qui les lui donnent : son impatience supporte difficilement l'idée de languir si long-tems dans une vaine espérance ; électrisé par l'amour des sciences, il donne enfin l'essor à son génie; il tente, il rejette, il combine, et bientôt il réussit.

Alors, l'imprimerie est au nombre des arts, elle commence à compter les premiers jours de son existence. Combien Fust et Guttemberg n'ont-ils pas à louer l'heureuse indiscrétion qui a fait de leur ancien serviteur, leur élève, leur associé, leur maître ! Ce Schoiffer, que sa naissance semblait vouer à l'obscurité, ce Schoiffer que la fortune avait voulu priver des honneurs attachés au succès, sans appui, sans guide, s'arrachait de lui-même à l'oubli, et dans un seul jour, en faisait assez pour la gloire de toute sa vie! Animé par une étonnante industrie, Schoiffer avait taillé des pièces d'acier pur [1], et les avait gra-

---

[1] Voici comment Trithème rapporte cette découverte :

« Sed cum iisdèm formis nihil aliud potuerunt imprimere, eò quod characteres « non fuerunt amovibiles de tabulis, sed insculpti, sicut diximus ; post hæc inven- « tis successerunt subtiliora, inveneruntque fundendi formas omnium latini alpha- « beti litterarum, quas ipsi matrices nominabant, ex quibus rursùm æneos sive « stanneos characteres fundebant, ad omnem pressuram sufficientes, quas priùs

vées; avec ces poinçons, il frappait des matrices d'un métal plus malléable : il avait su placer ces matrices justifiées dans le centre d'un moule, et obtenir des empreintes en relief, au moyen du plomb, de l'étain et du cuivre qu'il avait mis en fusion dans son creuset. Quelle vaste imagination dans un tel siècle ! Chacune de ces découvertes eût suffi pour illustrer un seul individu ; toutes avaient pris naissance dans la pensée de Schoiffer !

Fust devait à la fois acquitter sa propre dette et celle de Guttemberg : ce fut en donnant à Schoiffer la main de sa fille [1], qu'il le paya de ses travaux. Eh ! quel autre prix pouvait-il accorder à celui qui devenait le principal instrument de sa fortune, à celui dont le mérite avait su consolider leur entreprise, jusqu'alors incertaine ? Toute autre récompense eût été déplacée : en décourageant l'élève, elle aurait déshonoré le maître ; elle eût fait d'un prodige de l'esprit humain, l'objet d'un vil calcul. Le génie ne devait pas attendre d'autres honoraires que la reconnaissance et l'amitié.

Peu de tems après , quelques différends ayant divisé Fust et Guttemberg [2], rompirent l'association : ces différends, bien loin d'être utiles à l'art, devaient plutôt lui nuire : je les passerai sous silence. Quant à leur cause, on sait que la gravure dispendieuse des planches en bois, devenue plus accablante encore par leur inutilité, en était le motif principal ; on sait aussi que les juges décidèrent en faveur de Fust.

« manibus sculpebant.... Petrus (Schoiffer) autem Opilio , tunc famulus, posteà « gener inventoris primi Johannis Fust, homo ingeniosus et prudens , faciliorem « modum fundendi characteres excogitavit, et artem , ut nunc est, complevit. »
Arnaud de Bergelles dit aussi :

> Sed quia non poterat propriâ de classe character
> Tolli nec variis usibus aptus erat,
> Illis succurrit *Petrus* cognomine *Schoiffer,*
> Quo vix celando promptior alter erat.
> Ille sagax animi præclara torcumata finxit,
> Quæ sanxit *matris* nomine posteritas.
> Et primus vocum fundebat in ære figuras,
> Innumeris cogi quæ potuère modis.

Vid. Salmuth , page 312 ; Bertius, *Comment. rerum germanicarum* , page 613.

[1] *Aventinus apud Mallinkrott , cap. de auct. qui pro Mog. test.*

[2] *Bergellan., in Encom.—Mallinkrott, de ort. et prog. typ.*

Attachons plutôt nos regards sur Guttemberg, retournant vers une patrie [1] qu'il avait abandonnée dans une situation moins heureuse. L'époque de son retour offre un contraste frappant avec celle de son départ. Il avait quitté son pays dans l'espoir incertain de faire réussir ses projets ; il le revoyait en songeant à ses succès, et souriant à ses travaux. Déjà la renommée commençait à prononcer son nom ; le destin moins cruel couronnait ses efforts ; et pour lui ouvrir le chemin des honneurs, le duc de Nassau l'appelait au nombre de ses gentilshommes.

La justice et la sécurité seraient-elles donc, pour la première fois, venues consoler un grand homme des attaques ou des mépris de l'ignorance? Les créateurs de l'imprimerie auraient-ils captivé la gloire, sans l'acheter au prix de leur repos et de leur bonheur ? Le monde ne devait pas encore faire naître ce prodige : au moment où les associés recueillaient le fruit de leurs savantes combinaisons, de nouveaux événemens se préparèrent, et l'Europe vit les disciples des arts chercher leur asile et trouver leur sauvegarde dans une déplorable obscucurité.

La guerre, qui jusqu'alors paraissait avoir épargné la typographie naissante, exerça tout-à-coup ses ravages jusqu'au berceau qui la voyait s'élever. Adolphe de Nassau porta ses armes victorieuses sous les murs de Mayence, en forma le siége, l'emporta d'assaut et livra la ville aux horreurs du pillage.

L'atelier de Fust et de Schoiffer ne garantit pas Mayence de la colère du vainqueur; le prince Adolphe peu inquiet des jugemens de la postérité, ne fut pas assez jaloux de sa gloire, pour épargner la ville en faveur de nos artistes. Il fut loin d'imiter Démétrius, qui sauva Rhodes du pillage, par égard pour le célèbre Protogène; il fut loin d'imiter Alexandre, qui, dans la destruction de Thèbes, conserva la maison et la famille de Pindare, par respect pour la mémoire de cet illustre poète. Adolphe avait conquis, il crut exercer des droits.

Dès ce moment, effrayés par les désastres et par les troubles d'un siége, Fust et Schoiffer se séparèrent : leurs ouvriers, possesseurs

---

[1] Depuis il passa à Harlem. C'est ce qu'attestent Ant. Wood et Natalis Comes.

[2] Ce fut lors de son retour à Mayence , vers l'an 1465 , que Guttemberg entra au service de l'Electeur.

comme eux, du secret, se répandirent dans toute l'Europe; et voilà, nous devons le croire, l'époque certaine où plusieurs villes qui les reçurent, se disputèrent l'avantage d'avoir donné naissance à l'imprimerie.

Jusqu'ici nous avons suivi pas à pas les premiers inventeurs de cet art, dans les pays où ils s'étaient établis; reportons-nous maintenant vers la France, où Fust apporta les fruits de son industrie, dès qu'il eut quitté Schoiffer, auquel son cœur s'était attaché par les doux liens du sang et de l'amitié.

Fust, sans recommandation près des grands, sans autre appui que son mérite, vint à Paris [1], dans l'espoir d'en recevoir la récompense. Il quittait une patrie qu'une foule de sentimens devaient lui faire chérir, où les éloges qu'il reçut auraient dû pour toujours le fixer... Mais, qu'est-ce pour un artiste, que le suffrage d'une seule contrée, quand vingt peuples ignorent encore son existence et ses talens? J'aime à me le représenter, parcourant, pour la première fois, ces provinces étrangères; j'aime à le voir, presque isolé, dans le centre d'une ville bruyante, excitant tour à tour la curiosité des uns, l'intérêt des autres, appelant sur lui les distinctions qu'attend un enfant des beaux-arts, et dédaignant les clameurs odieuses qui s'élevaient déjà contre lui. Que de douces émotions aurait-il alors ressenties, si le voile de l'avenir se soulevant à ses yeux, avait pu lui montrer cette ville qui rejetait ses productions, devenir elle-même un jour le théâtre du triomphe de la typographie! Quelles vives sensations l'auraient enivré, s'il eût vu la main protectrice de François élever sa nouvelle patrie à un plus haut degré de splendeur; l'esprit majestueux de Louis XIV favoriser les arts, l'industrie, le commerce, et placer la France au-dessus des autres nations! Quel hommage plus flatteur cet oracle véridique eût-il pu lui rendre, que de lui annoncer d'avance les suffrages que décernerait la postérité aux Vascosan, aux Morelle, aux Étienne et aux Didot! Ah! je le répéte sans hésiter, Fust eût recueilli avec enthousiasme ces témoignages des succès futurs de ses descendans; lui-même y aurait applaudi, car il suffit d'avoir une grande âme pour que l'envieuse injustice n'exerce jamais sur elle aucun empire.

[1] Naudé, *Supplément à l'Histoire de Louis XI.*

Mais loin de là, que d'humiliations, que de persécutions cruelles
éprouva dans Paris l'émule et le successeur de Guttemberg ! Ce n'é-
tait pas assez que la foule des écrivains ignorans se réunît pour
l'accuser, pour le faire proscrire; on lui contesta, on osa lui refuser
le prix de ses travaux [1]. Forcé de fuir, pour garantir sa liberté,
n'osant confier à aucun asile la sûreté de sa personne, à aucun ami
les secrets de son art, d'homme célèbre et recherché qu'il était dans
son pays, il devint, chez une autre nation, proscrit et fugitif, et
bientôt, la peste étendant sur Paris ses affreux ravages, entraîna
dans la tombe celui en qui les chagrins et le découragement avaient
presque éteint déjà le flambeau de la vie.

Peuples de Harlem, de Strasbourg et de Mayence, vous ressentiez
alors les bienfaits de la typographie, et vous en encouragiez les progrès. Rivaux les uns des autres, vous vous efforciez au moins de
justifier votre primauté par le nombre de vos ouvrages; car, de même
qu'autrefois sept villes de la Grèce se disputaient la gloire d'avoir
donné le jour à Homère, de même aussi chaque pays réclamait l'honneur attaché à cette immortelle découverte [2]. Étrange variété des
opinions humaines ! quand la France refusait les offres de Fust et le
forçait de prendre la fuite, Harlem faisait graver une inscription [3]

---

[1] Jean Conrad Durrius, de Nuremberg, professeur de morale et de théologie
à Altorf, écrivit, vers le milieu du 17ᵉ siècle, une lettre dans laquelle il appre-
nait à un de ses amis que Jean Fust avait été accusé de magie par les moines,
irrités de ce que sa découverte leur enlevait leurs gains accoutumés.

[2] Mentel écrivit que l'imprimerie avait été découverte à Strasbourg; quelques-
uns dirent que Bâle l'avait vu s'élever; d'autres, Dordrecht, Rome, Boulogne, Venise, Augsbourg, Nuremberg, Russembourg, Lubeck, Feltri, etc.; Adrien Junius, Pierre Scriverius, Marc Boxhornius et le peu d'auteurs cités par Mallinkrott, parlèrent en faveur de Harlem.

[3] On avait fait placer à Harlem, par ordre de la régence, sur la maison de Laurent Coster, l'inscription suivante :

MEMORIÆ SACRUM.

—

TYPOGRAPHIA,

ARS ARTIUM OMNIUM

CONSERVATRIX.

HIC PRIMUM INVENTA

CIRCA AN. CIƆ CCCC XL.

pour consacrer la mémoire de *Coster*, elle le plaçait au rang de ses artistes célèbres; Mayence conservait précieusement les planches grossières de Guttemberg [1], et ne montrait qu'avec vénération le palais qu'il avait habité!

Le règne de Louis XI vit cependant deux docteurs estimables s'é-lever au‑dessus des préventions de la malignité publique, et tenter d'introduire en France la typographie. Ces deux docteurs, dont les imprimeurs anciens et modernes n'ont jamais prononcé et ne répéte-ront jamais le nom sans reconnaissance, étaient Fichet et de la Pierre. A leur sollicitation, Ulric Géring, de la ville de Constance, Crantz et Friburger, de Colmar, vinrent à Paris, et établirent leurs presses dans la maison de Sorbonne [2], qui devint ainsi la première protec-trice de l'art conservateur de tous les autres.

Mais l'envie, qui semblait avoir fui depuis la mort de Fust, s'éveilla tout‑à‑coup; elle agita ses serpens, et voulut faire éprouver aux nouveaux artistes le sort de leur prédécesseur. La jalousie parla, elle fut écoutée; une accusation de magie fut dirigée contre les premiers imprimeurs; et le parlement de Paris, servile instrument des caprices de la superstition, ne craignit pas d'ordonner l'instruction du procès.

Louis XI, qui quelquefois se montrait grand monarque, crut devoir arrêter les suites d'une affaire déshonorante pour le peuple qui la voyait naître [3]. D'un mot il anéantit l'arrêt du parlement, mit

Vana quid archetypos et præla Moguntia jactas?
Harlemi archetypos prælaque nata scias.
Extulit hic, monstrante Deo, *Laurentius* artem.
Dissimulare virum hunc, dissimulare Deum est.

[1] « Exstant Moguntiæ (certè antè calamitosum qui superioribus annis secutus « est, ejus urbis statum exstiterunt) illi ipsi primordiales et antiquissimi typi, « quibus inventores hujus artis, illic usi sunt. (Mallink., cap. VIII, page 65.)

. . . . . « Hodiè vetustissima quædam, in eum (imprimendi) usum ab aucto‑ « ribus comparata, quæ vidi instrumenta exstant Moguntiæ. (Bergellanus, *in* « *Præfat.*) »

Nicolaus Serrarius, *de rer. Mogunt*, cap. 37, et Trithême, rendent le même témoignage.

[2] Naudé, *Supplément à l'Histoire de Louis XI.*

[3] Quoique plusieurs auteurs aient gardé le silence sur cette époque de l'his-toire de l'imprimerie, il paraît assez vraisemblable que Crantz et Friburger eurent

un frein à l'ignorance, aux passions intéressées, et ordonna que l'imprimeur étranger jouirait en paix du fruit de ses travaux. Telle fut l'issue d'un procès aussi injuste que solennel, suscité par les premiers détracteurs de l'imprimerie, et par les seuls qu'on ait jamais connus depuis.

La France ne tarda pas à admirer le désintéressement et les lumières des artistes qu'elle avait adoptés. Des presses de Géring sortirent des ouvrages précieux; chaque jour, il sut donner à ses travaux une perfection nouvelle. Il y consacra son tems, ses soins, son repos; et lorsqu'après de brillantes spéculations, il en recueillait le prix, ses coffres furent ouverts au savant dans l'infortune, à l'indigent vertueux; il devint le bienfaiteur des colléges qui l'entouraient, et à sa mort il légua une partie de ses biens à ceux de Sorbonne et de Montaigu [1].

Depuis l'époque à laquelle parut Géring, jusqu'à celle où la typographie le perdit, l'Europe, plus civilisée, avait reçu dans différentes villes les imprimeurs qui venaient y apporter leur art. Westphale s'était établi dans les Pays-Bas, Pierre Maufer à Padoue, Sixtus Risinger à Rome, Jean Marie avait élevé des ateliers à Leyde, et un Français, Jenson, allait à Venise, préparer les succès des Manuce.

Vers la fin du XVe siècle, la plupart des bons livres étaient imprimés; les caractères grecs et hébraïques avaient été gravés. Au commencement du XVIe siècle, Paris voyait s'établir une fonderie de caractères grecs, sous la direction de Tissard; et à la même époque, Alde Manuce avait inventé les lettres italiques.

Combien s'accroissent les progrès du génie et des arts, lorsque la première impulsion est donnée! Depuis la création des matrices et de la fonderie, soixante ans s'étaient à peine écoulés, que de nombreuses productions enrichissaient déjà l'Europe; elles venaient annoncer

à se défendre des mêmes ennemis que Fust, quoique d'ailleurs ils fussent protégés par deux membres de la Société de Sorbonne. Au reste, je ne donne cette opinion que comme consacrée par la tradition, et comme une de celles qu'il m'a été le plus difficile de vérifier. Je ne connais même qu'un seul ouvrage qui la rapporte, c'est le *Dictionnaire des Hommes célèbres*, édit. de Caen, tome II, pag. 82 du *Supplément*.

[1] Maittaire, édition de Londres, 1709 ; Chevillier, Lacaille.

à la terre étonnée que les ouvrages des grands hommes dureraient désormais autant que l'univers !

Alors avaient paru Amerbach et Hervagius; Amerbach, que l'amour des lettres et de la typographie accompagna jusqu'au tombeau. Qui ne reconnaîtrait l'artiste véritable dans les dernières paroles de cet imprimeur qui, sentant ses forces défaillir, appelait ses enfans près de son lit de mort, et leur faisait prononcer le serment de terminer ses ouvrages ? — C'était d'Hervagius qu'Erasme avait dit : « que le « monde littéraire lui était redevable de la perfection dans laquelle « paraissait le prince des orateurs grecs »; c'était en lui que la typographie voyait le digne imitateur d'Amerbach et de Froben.

Alors aussi s'étaient distingués Plantin, à qui le roi d'Espagne décerna publiquement le titre d'Archi-Imprimeur, et accorda d'assez nombreuses récompenses pour pouvoir le soutenir; Louis, le premier imprimeur connu de la famille des Elzévirs; et ensuite Blaew, disciple et ami de Tycho-Brahé.

L'Italie, en tout tems la patrie des Muses, doit aussi fixer à son tour notre attention. Déjà l'illustre Manuce avait pris naissance, et déjà Manuce avait rivalisé avec les imprimeurs habiles de la Hollande et de la France.

Un protecteur des lettres, le prince de Carpi, dont Alde Manuce avait été le précepteur, l'adopta dans sa famille, l'accabla de bienfaits et lui fit porter son nom; distinction flatteuse, récompense méritée, aussi honorable pour celui qui l'accorda, que pour l'artiste qui en était l'objet. C'est à cet Alde Manuce que la littérature fut redevable des notes sur Homère et sur Horace; ce fut lui qui, des premiers, annonça à la république des lettres que sa noble profession ne se bornait pas seulement aux soins mécaniques, mais qu'elle embrassait encore l'étude des sciences et des beaux arts. — Ce fut lui qui, par un excès de zèle peut-être, mais bien excusable dans un auteur laborieux, redoutant la foule importune des curieux et des oisifs, plaça sur la porte de son cabinet cette inscription : *Ne m'interrompez que pour des choses utiles.*

Paul et Alde Manuce II, ses descendans, comme lui célèbres, comme lui se livrant au travail avec une ardeur infatigable, firent briller d'un nouvel éclat la typographie à Venise et à Rome. Tous deux, riches seulement de leurs talens, laissèrent après leur mort un nom illustre, mais ne connurent de la fortune que l'inconstance et les rigueurs.

La France, à la fin du XVe siècle et au commencement du XVIe, ne comptait pas moins d'imprimeurs fameux. Rappeler leurs noms, suffirait pour consacrer leur éloge. A cette époque, Paris voyait dans son sein les Badius, les Vérard, les Etienne, les Vascosan, les Chevalon et les Colines; à cette époque, Robert Etienne obtenait de son souverain ces distinctions flatteuses dues au vrai mérite, et qui reçoivent un nouveau prix de la main qui les dispense, et de la grâce que l'on apporte à les décerner.

La postérité ne se rappellera pas sans satisfaction ce trait de François Ier, que les annales de l'imprimerie ont souvent répété. — Ce monarque, aussi encourageant pour les sciences, qu'il était grand et redoutable sur le champ de bataille, aimait à trouver dans la société des hommes de lettres qui l'entouraient, une conversation instructive autant qu'aimable, et souvent une distraction à ses graves occupations. Il faisait à Etienne de fréquentes visites; quelquefois même il se plaisait à le voir travailler dans son imprimerie. Un jour il entra pendant qu'il s'occupait à lire une épreuve; Etienne se levait pour aller au-devant de son prince : « Restez, lui dit le roi, « j'attendrai la fin de votre lecture. » Il insista, et ne voulut pas interrompre son imprimeur que l'épreuve ne fût corrigée [1].

C'est ainsi que d'un seul mot, par une action simple en elle-même, les rois peuvent encourager un artiste, et qu'en nourrissant dans son cœur le feu sacré du génie, ils deviennent eux-mêmes les premières causes de sa gloire; c'est à ce légitime hommage rendu par un prince ou par une nation entière aux sciences et aux lettres, qu'Athènes et Rome ont dû leurs illustres modèles; c'est avec de telles récompenses que le siècle de Louis XIV produisit ses grands hommes, et qu'il enfanta ses chefs-d'œuvre.

Après Robert Étienne, vinrent Charles son frère, Henri II son fils, Michel de Vascosan et Simon de Colines.

L'anatomie dut au premier le *Traité sur la dissection*, qu'il fit paraître en 1545. Il avait laissé en mourant une fille qui se distingua

---

[1] Ce fait est rapporté par Chevillier, dans son *Origine de l'Imprimerie de Paris*. Maittaire, *Histor. aliquot typograp.;* Lacaille, p. 87 de son ouvrage in-4°., et plusieurs autres, l'ont également recueilli.

par ses ouvrages en prose et en vers. — Henri II parcourut une carrière plus brillante, et se destina spécialement aux lettres. Ce fut lui qui apporta d'Italie un manuscrit d'Anacréon, qui y avait été long-tems caché, et qui le publia, en l'accompagnant d'une version latine en vers de même mesure que ceux du poète grec. Michel de Vascosan, gendre de Bodius et beau-frère de Robert Étienne, fit connaître son nom vers le milieu du XVIe siècle. Le roi Henri II voulant récompenser son zèle lui accorda un privilége général pour dix ans : il eut pour gendre et pour ami le fameux Frédéric Morel, interprète et imprimeur du roi. Quant à Simon de Colines, qui épousa la veuve de Henri Étienne aîné, la France lui dut l'introduction des caractères italiques, perfectionnés par ses soins, et préférables à ceux de Manuce.

Sous Henri IV parut Pierre Rocolet, aussi connu par ses talens que par sa fidélité envers son roi, pendant les troubles de la ligue; sous Louis XIII, Sébastien Cramoisi, que son mérite fit choisir pour diriger l'imprimerie royale établie au Louvre, au commencement du règne de Louis XIV; et Antoine Vitré, qui mit au jour la *Polyglotte* de Guy-Michel le Jay. Camusat, choisi en 1634 par l'Académie, pour son imprimeur, n'obtint pas une réputation moins étendue. On sait que cette illustre assemblée tenait chez lui ses séances; qu'elle le chargea plusieurs fois de faire, en son nom, des complimens et des remercîmens à des hommes de lettres, et qu'à sa mort, elle ne dédaigna pas d'assister à ses obsèques; on sait aussi que Camusat ne consacrait ses presses qu'à des ouvrages bons par eux-mêmes, ou dont l'excellence était depuis long-tems reconnue, et que son nom fut bientôt regardé comme le sceau des livres estimables.

Mais au moment où, fidèle historien, j'accomplis la tâche que je m'étais imposée; au moment où je suis la marche des faits et des événemens, ma plume s'arrête... Rappellerai-je davantage ces fastes mémorables, sans porter un instant mes regards sur l'époque où les distinctions ennoblirent le génie, où les récompenses l'encouragèrent? Une telle image ne saurait trop fixer l'attention; elle retrace les beaux jours de la France; elle nourrit l'esprit des plus doux souvenirs, et semble n'accorder des louanges au passé que pour donner plus d'éclat encore au siècle où nous vivons.

Les tems malheureux où le talent fut méconnu par l'ignorance et

persécuté par l'envie, se perdent à jamais dans l'antiquité de l'histoire. La jalousie, appuyée du pouvoir suprême, n'exerce plus aucun
empire; et bien loin d'arrêter l'essor des arts par haine ou par ambition, chaque classe de la société s'empresse de les accueillir.

La France l'a donc enfin adoptée cette invention qui, d'une feuille
légère, confidente des secrets et des pensées du littérateur, fait pour
l'avenir des monumens éternels de gloire et de célébrité! Elle a donc
entouré de l'honneur qu'elle mérite, cette profession distinguée qui
ne doit offrir à l'Etat que des hommes instruits et laborieux, aussi
attachés à la patrie par les mœurs, qu'ils le sont par le genre séden-
taire de leurs opérations!

Quelle vaste correspondance entretiendra désormais l'esprit, d'un
pôle à l'autre! Rien n'est concentré dans le pays qui le vit naître; les
livres d'une langue étrangère s'échangent contre les productions
littéraires d'une autre contrée; on les traduit, la lecture s'en propage,
on y recueille des idées neuves, des découvertes utiles, et chaque ouvrage devient ainsi l'interprète des réflexions et des besoins de chaque
peuple.

L'Europe entière ne craint pas de rendre hommage aux travaux
de Guttemberg. — Depuis François Ier jusqu'à nos jours, l'imprimerie et la librairie y fixent le siége de leur empire. Une nouvelle
branche de commerce s'ouvre à l'industrie mercantile; de l'Italie, de
l'Allemagne et de l'Angleterre, viennent avec profusion les écrits du
Tasse, de Gessner, de Shakespeare ou de Milton : — Corneille, Bos-
suet, Molière et Voltaire vont recevoir de nombreux éloges et recueillir de nouveaux suffrages chez les peuples de l'Adige, du Da-
nube ou de la Tamise. — De tous côtés, s'élèvent d'immenses entre-
pôts, ouverts à la spéculation comme aux recherches du littérateur ;
et l'imprimerie remplit le double but d'alimenter les institutions scho-
lastiques, et d'entretenir la circulation du commerce dans les états.

Dans l'existence privée, l'imprimerie n'est pas moins digne de nos
regards : en même tems qu'elle forme des hommes utiles et instruits, elle devient l'âme de nos délassemens et de nos plaisirs. —
Quand, dans le silence du cabinet, nous cherchons à revivre dans
l'antiquité, ou à parcourir les productions de notre siècle; quand,
dégagés des affaires, et seuls avec nous-mêmes, nous aimons à médi-

ter l'auteur moral, à pleurer près du grand tragique, ou à rire avec Thalie des travers du genre humain; maîtres d'un choix aussi varié, entourés de tant de guides et d'amis, pouvons-nous envisager leur étonnante réunion, sans songer à l'art bienfaiteur qui la forma? Ne sommes-nous pas, malgré nous, reportés en idée au tems où une seule bibliothèque existait dans une ville, et où il eût été si difficile d'en former une au sein de sa famille?

Les ministres du trône et de l'autel, les dépositaires et les dispensateurs de la justice humaine, après avoir accordé successivement des faveurs signalées à l'étonnante découverte qu'ils avaient su apprécier, reçoivent spontanément le juste tribut que méritaient leurs lumières; ils sont récompensés de leurs propres bienfaits, par les progrès et les bienfaits non moins précieux de l'imprimerie.

En effet, la morale et les lois ne lui doivent-elles pas une partie de leur force et de leur puissance? — Que deviendraient les ordres des magistrats, comment leur voix se ferait-elle entendre d'une extrémité de l'empire à l'autre, si, consignées sur le marbre ou dans un code obscur, les lois n'étaient connues que des hommes lettrés, et si, par le défaut de publicité, elles permettaient au crime, chaque fois qu'il les enfreint, de présenter pour excuse son ignorance?

C'est à l'art divin de la parole, c'est à la sublime éloquence, que l'on doit souvent la conservation des mœurs et la propagation des vertus; c'est par elle que le disciple de l'Evangile et les ministres de toutes les religions forment le peuple aux devoirs de son état, à l'obéissance au souverain, à l'amour envers la Patrie! Frappantes, mais passagères, quel effet produiraient de telles maximes, si, lorsque la voix les a prononcées, l'esprit n'en gardait plus le souvenir; si des livres respectables, monumens de la sagesse et de la piété de nos ancêtres, ne nourrissaient dans nos cœurs l'amour du bien, ne répondaient à nos scrupules, n'instruisaient notre conscience; s'ils ne nous présentaient d'utiles exemples, et s'ils ne nous arrachaient à la perfide oisiveté!

Dans un état immense, où cent provinces ne forment plus qu'un peuple, quelle activité recevraient les ordres suprêmes, si, pour les distribuer à chaque gouverneur, à chaque chef d'administration, il fallait confier à la lenteur d'un copiste un arrêté que rend quelquefois nul un instant de retard, et d'où peuvent dépendre un événement heureux, ou le malheur des contrées qui l'attendent vainement!

La typographie ne manifesta pas avec moins de zèle sa gratitude envers les lettres, auxquelles elle devait sa naissance et sa perfection. — Parlerai-je des services que leur rendirent la plupart des imprimeurs célèbres? Citerai-je les ouvrages sortis de leur plume, et dont ils enrichirent nos bibliothèques? Mais ce serait ouvrir une liste immense, que de vouloir y appeler ceux qui parurent avec succès dans cette carrière. Blaew, par ses ouvrages géographiques; les enfans d'Amerbach; Commelin, par ses Notes sur Héliodore; Paul Manuce, par ses Commentaires de Cicéron; Manuce le jeune, par ses Lettres, ses Commentaires sur Salluste, Cicéron et Horace; Bomberg, par ses Remarques sur la Bible hébraïque; Robert et Henri Etienne, par leurs Trésors de la langue latine et de la langue grecque; Henri Etienne, qui, dès sa jeunesse, traduisit, le premier, Anacréon; enfin, Dolet, Antoine Etienne, Camusat, et une foule d'autres [1], suffiraient pour consacrer ce fait honorable.

Les distinctions et les faveurs dont d'illustres et sages protecteurs entourèrent autrefois l'imprimerie et la librairie, sans doute n'étonneront jamais la postérité. Avant même que Guttemberg eût paru, les rois, jaloux d'encourager ceux qui conservaient les archives éternelles de la littérature et de l'histoire, leur dispensaient d'immenses priviléges. Charlemagne avait associé la librairie à l'Université, en lui accordant les mêmes prérogatives; Philippe VI avait imité son exemple; Charles V avait confirmé l'ouvrage de ses prédécesseurs : Louis XII, François Ier, Henri III et Henri IV, avaient aussi rendu à ce sujet de nombreuses ordonnances; et quand l'imprimerie fut parvenue à sa perfection, on sait combien chaque souverain se plut à la protéger et à la faire fleurir.

Mais ce n'est véritablement que sous les grands princes que l'em-

---

[1] Tournebeuf, la famille des Morel, Adrian-le-Roy, Thiboust, etc., n'ont pas obtenu moins de célébrité. — Tournebeuf a laissé des commentaires sur Cicéron, sur Quintilien, des traductions de Théophraste, de Plutarque et de Platon. Il était si laborieux et si adonné aux sciences, que le jour même de son mariage, il ne put s'empêcher de travailler pendant quelques heures : Montaigne a fait de Tournebeuf le plus grand éloge. — Adrian-le-Roy, musicien aussi renommé qu'il était bon imprimeur, fit paraître un Traité de la tablature de la guitare, pour lequel il s'associa avec Robert Ballard, que le roi Henri II avait attaché à sa chapelle, en qualité d'imprimeur-noteur.

pire des sciences répare ses fréquens interrègnes et qu'il rétablit sa puissance; ce n'est qu'au génie même, que le talent peut confier le secret de ses efforts; ce n'est que des monarques éclairés qu'il peut attendre son bonheur et ses justes récompenses.

Combien se forment et se polissent les arts, sous un gouvernement qu'assurent la sagesse et les lois, quand une main ferme autant que savante conduit les rênes de l'Etat, et qu'elle encourage les lettres en les environnant d'un nouveau lustre! Tout cède à cette impulsion de grandeur et de majesté qu'elle imprime au royaume; chaque partie de la machine politique, quelle que soit sa faiblesse, porte avec elle l'empreinte du caractère du chef suprême qui la dirige.

De même que sous un Tibère, abandonné à la mollesse et à la voix honteuse des passions, les calamités physiques et morales se succèdent sans nombre; de même que l'exemple d'une cour dépravée inspire au peuple imitateur des principes désastreux de la corruption et du luxe, en même temps qu'il étouffe l'imagination; de même aussi, sous un monarque ami de la justice et des sciences, des beaux-arts et du commerce, sous un prince dont les mœurs et le génie laborieux servent de modèle à la multitude, la nation renaît plus active, plus vertueuse, et le savant se livre sans crainte aux inspirations de la pensée. Partout s'organisent des institutions plus utiles encore que célèbres, plus sages que fastueuses : là, ne sont point décernés de prix à la lâche flatterie, ni à la férocité des gladiateurs; mais de tous côtés les bienfaits du prince assurent au mérite une protection im-muable.

L'artiste ne craint plus que l'envie ou la basse cupidité lui vienne arracher ses lauriers et lui enlève le fruit de ses travaux. Protégé par l'épée, rassuré sur son existence et sur ses droits par des réglemens solennels, il se livre en silence à ses paisibles occupations. Sa famille et sa gloire, voilà ce qui règne sur son cœur, voilà le mobile de son esprit. Sous ses yeux, d'habiles élèves, ou d'ingénieux ouvriers, exé-cutent chaque jour des productions nouvelles. De ses jeunes enfans, laborieux et dociles, comme il le fut à leur âge, comme lui, formés à la pratique des vertus et des devoirs religieux, il destine les uns à l'imiter, à l'égaler, à le surpasser un jour; et les autres, qu'entraîne une plus haute ambition, il les destine à la défense de l'Etat.

Que de chemins ouverts, pour lui, à l'honneur et à la fortune! Que d'exemples passés, que d'illustres modèles encore vivans se pré-

sentent à ses regards, et lui indiquent la route qu'il faut parcourir !
L'émulation modeste, le zèle, l'enthousiasme, caractérisent tous ces
grands maîtres; et un souverain, jaloux de les voir renaître, semble
ne les désigner que pour appeler chacun de ses sujets à suivre leurs
traces immortelles.

Mais c'est surtout dans la carrière de la typographie que le souvenir de la vie et les travaux d'Elzévir, de Manuce ou d'Etienne, doit
alimenter l'esprit de leurs successeurs; c'est là surtout qu'il doit leur
inspirer l'activité qui enflammait ces imprimeurs distingués..

Sans doute, leur application était pénible et fastidieuse, mais aussi,
combien elle était estimable ! — Ce n'était pas assez pour eux de l'é-
ducation et des veilles de la jeunesse; avides de s'instruire, ils ne
croyaient devoir renoncer à l'étude que lorsque la mort leur annon-
çait, par des infirmités, son approche redoutable. Leur existence
s'identifiait, pour ainsi dire, avec celle de leur art : tout ce qui l'inté-
ressait charmait leur esprit, tout ce qui s'en éloignait semblait devoir
leur déplaire.

En effet, l'imagination s'électrise souvent par le bruit et le tumulte,
comme elle s'épure dans le silence et dans l'isolement. — L'agitation,
le mouvement d'un atelier, le gémissement et le roulis des presses,
offrent autant de charmes à l'homme vraiment épris de son art, que
la solitude et le calme de la nature en présentent à l'âme du philoso-
phe. — Dès le lever de l'aurore, lorsque l'indolence et le luxe sont
encore livrés au sommeil, je crois voir un laborieux successeur des
Etienne ou des Manuce retourner plein d'ardeur à l'ouvrage que la
la veille il a laissé imparfait; je crois le voir n'entrant qu'avec l'a-
mour du travail et de la célébrité, dans l'enceinte modeste où repo-
sent les presses et ces tables de métal que l'adresse du fondeur a ren-
dues lisibles. D'un coup-d'œil il a parcouru ses ateliers, il s'est assuré
par lui-même si l'ordre y régnait; il y porte à la fois le bon exemple, l'économie et la vigilance.

Mais c'est à la plus difficile de ses occupations, c'est à la correc-
tion des épreuves qu'il aime à s'attacher davantage; c'est là que relis-
sant avec autant d'attention que de lenteur, quelquefois un chef-
d'œuvre, quelquefois une faible production, il met à profit les fruits
de l'expérience, et qu'incertain sur une phrase incorrecte ou sur un
mot inexact, il prend pour guide les bons auteurs, et, à leur défaut,
ses propres lumières. De jour en jour il se forme à cette tâche diffi-

cile, et se perfectionne sans atteindre entièrement le but. — Etude de toute la vie! ce n'est pas assez que les écrits de l'antiquité lui soient devenus familiers, les langues vivantes mettent encore à l'épreuve son application et sa constance. Chaque science, chaque art, dont un traité se publie, devient pour lui un dédale nouveau qu'il faut qu'il parcourre et qu'il connaisse, sinon avec profondeur, du moins théoriquement. Il a étudié l'histoire et la jurisprudence, demain la médecine et la botanique exigeront ses soins. Il possède les principes et les lois de la littérature; mais que seront-ils pour lui, s'il doit imprimer des ouvrages sur les mathématiques ou sur l'algèbre?

C'est ainsi que partagé entre les sciences et ses occupations variées, il atteint souvent le terme de la vie sans avoir abordé la perfection qu'il ambitionne : plus il s'instruit, plus il brûle d'apprendre; s'il sourit quelquefois à ses connaissances et à ses talens, c'est lorsqu'ils peuvent l'aider à en acquérir de nouveaux; ses distractions, ses plaisirs, n'existent que dans ses travaux ou dans la retraite; et la nuit, qui n'est chez tous les hommes que le signal du repos, devient encore quelquefois pour lui le temps des recherches et de l'étude.

Est-ce exagérer ses idées, est-ce les égarer vers une chimérique perfection, que d'esquisser l'image d'un artiste laborieux, plus attaché à ses devoirs qu'à la dissipation et aux charmes de la société? Non, je ne puis le croire; et la France en offre encore assez d'exemples pour que le tableau que je trace ne prenne pas le caractère et la teinte de la fable.

Quel est donc ce motif secret qui entraîne un homme hors du monde et du tumulte, pour ne consacrer son temps et sa vie qu'à acquérir plus de lumières? Quelle force agit donc avec assez d'empire pour commander à ses volontés, balancer dans sa jeunesse la fougue des passions, ou détourner dans l'âge mûr son esprit de toute autre ambition que de celle qui tient à son art?

Quel motif! le même qui, chez les Grecs, forma tous les grands hommes! le même qui, dans les temps heureux de Rome, créa les poètes illustres et les savans orateurs! l'amour de son pays et le suffrage de la postérité.

Oui, dans telle classe que le sort l'ait fait naître ou le place par la suite, l'artiste n'a jamais présent à ses regards que le bonheur de sa famille et la réputation qu'un jour il doit obtenir! Soit qu'il se destine aux lettres, soit que sa main s'aide du maillet ou du pinceau, le soin de sa fortune ne saurait être indépendant de celui de sa gloire, et son esprit inquiet vole toujours au-devant de la sentence que prononceront sur lui les siècles futurs.

Redoutable postérité, arbitre et divinité des grands hommes, que ton existence est profonde, qu'elle est immuable, et combien, en s'éloignant de la nôtre, elle en paraît inséparable! Qui résisterait à tes lois ou à ton pouvoir? N'est-ce pas ta voix qui arrache le héros au sommeil ou aux illusions des sens, pour le guider vers le chemin de l'honneur? n'est-ce pas toi qui donnes une naissance nouvelle aux lettres et aux arts, en encourageant ceux qui les cultivent.

Tu règnes sur la pensée; et de même que le navigateur n'habite une contrée lointaine que dans l'espoir d'en recueillir les richesses et de revoir sa patrie; de même l'artiste célèbre n'aperçoit dans le présent qu'un tems d'exil et de travaux par lequel il doit acheter l'avenir. L'avenir! quel mot et quelle idée sublime! c'est donc là le terme de ses desseins, le but de ses projets; c'est donc dans l'imagination qu'il peut méditer sa récompense; c'est donc là qu'il doit lire d'avance sa défaite ou son triomphe!

Ne voyez-vous pas le génie des grands maîtres, immortel comme leur âme, planer au milieu du vide immense de l'éternité, n'envisageant le siècle qui s'écoule que comme une ombre légère, et n'arrêtant ses regards que sur ceux qui vont le suivre? Enfans des sciences et des beaux-arts, gravez alors sur l'airain le nom de l'homme illustre qui honora sa patrie; préparez, après une période brillante, une célébrité plus étonnante encore : nourrissez dans son cœur l'idée qu'il ne devra ses titres augustes qu'à la sagesse, aux lumières d'une invariable équité, et que du silence de la tombe il entendra la voix d'un autre univers prononcer un jour sur sa gloire et sur sa destinée.

FIN DE L'ÉLOGE HISTORIQUE DE L'IMPRIMERIE.

RÉFUTATION.

RÉFUTATION.

Au moment où j'allais publier la seconde édition de mon ouvrage sur l'Imprimerie, j'appris, par la voie du *Journal de l'Empire*, qu'il existait une traduction des *Origines Typographicæ*, de M. Meerman, dans laquelle M. Gockinga traitait à peu près le même sujet que moi, en différant seulement sur le nom de l'inventeur et sur le lieu de l'invention.

L'idée de réfuter à la fois deux auteurs ne me vint pas d'abord : je sentais toute la disproportion qui pouvait exister entre l'opinion de M. Meerman, connu déjà par de bons ouvrages, et les faibles talens d'un jeune imprimeur; mais comme la traduction de M. Gockinga n'était pas toujours exactement fidèle, et qu'il mêlait souvent ses fautes aux erreurs de M. Meerman; comme il était à craindre que de nombreuses recherches, un ton d'assurance, et quelquefois une apparence de vrai ne l'emportassent sur la vérité même, j'essayai de discuter son ouvrage.

EXPOSÉ.

L'opinion de M. Meerman et de M. Gockinga est, qu'il faut attribuer l'invention de l'Imprimerie à Laurent Coster, et que la ville de Harlem doit *seule* être regardée comme le berceau

De l'art ingénieux
De peindre la parole et de parler aux yeux.

M. Meerman et M. Gockinga ne se sont pas seulement dissimulé qu'ils avaient contre eux le plus grand nombre des auteurs du quinzième siècle, ils ont encore prévu que les littérateurs et les savans du nôtre rejeteraient, sans un long examen, une histoire fort apocryphe, et réfutée dès l'instant qu'elle parut; en conséquence, ils ont fait de *leur* ouvrage [1], non pas une histoire, non pas une dissertation, mais un plaidoyer fort long en faveur de Laurent Coster et de la ville de Harlem [2].

Quelles sont leurs preuves? sur quoi sont-elles fondées?

M. Meerman (ou M. Gockinga) appuie son sentiment sur quatre autorités :

La sienne d'abord ;

Celle de quelques témoins hollandais ;

Celle de Junius, Boxhorn, Scaliger, etc. ;

Enfin, l'inscription gravée par ordre de la régence de Harlem sur la façade de la maison de Laurent Coster.

---

[1] M. Gockinga a certainement joui d'une grande indépendance dans son analyse; M. Meerman n'existe plus. Je ne dirai pas qu'il ait profité d'une telle circonstance; mais je sais bien qu'au lieu de publier *trois* ouvrages, il en a rédigé un seul.

[2] M. Meerman et M. Visser sont tous deux Hollandais : cet aveu pourrait les rendre excusables. Mais ne rappellerait-on pas volontiers la question que faisait à cet égard le docte doyen de Munster : *Patriæ causâ an mentiri liceat?*

EXAMEN DE CES AUTORITÉS.

§ I.—L'autorité de M. Meerman.

M. Gockinga (ou M. Meerman) commence son introduction par dire ce que c'est que l'Imprimerie; puis passant rapidement à la date de son invention, il discute les prétentions respectives des Allemands et des Hollandais [1].

Les Allemands, dit-il, se disputent, *même entr'eux*, sur le nom de l'inventeur et sur le lieu de l'invention. Les Hollandais, au contraire, ont toujours été d'accord tant sur le lieu où s'est faite cette découverte que sur la personne à qui on la doit.

Rép. — Il n'est pas réel que les Allemands se disputent *entr'eux* sur le lieu de l'invention. La querelle a existé, il est vrai, mais elle a été publiquement, solennellement terminée *entr'eux* par la décision des bons auteurs : il est maintenant hors de doute que l'Imprimerie a été portée de Strasbourg à Mayence par un habitant de cette première ville, et que c'est à Mayence qu'en ont été fait les essais [2].

Quant à l'objection relative au nom de l'inventeur, elle est très-futile, et l'on va s'en convaincre.

Peu importe qu'on ait cité jusqu'ici Guttemberg, Fust et Schoiffer comme ayant eu tous les trois l'honneur de la découverte; l'ordre dans lequel on les place annonce assez le degré de gloire qu'on accordait à chacun d'eux.

---

[1] Prétentions qui ne se sont élevées que vers le tems d'Adrien Junius, c'est-à-dire, un siècle environ après la découverte de l'imprimerie à Mayence. Avant cet Adrien, aucun auteur n'avait pensé que la ville de Harlem pût avoir le moindre droit à l'honneur de cette invention. (Vid. *Mallink.*, cap. 3, p. 26, édit. in-4º.)

[2] « Anno Christi 1440, Frederico III, romanorum imperatore regente, ma-« gnum quoddam ac penè divinum beneficium collatum est universo terrarum « orbi, à Joanne Guttembergo, Argentinensi, novo scribendi genere reperto. Is « enim PRIMUS artem impressoriam....., *in urbe Argentinensi* INVENIT. *Indè Mo*-« *guntiam veniens, eamdem feliciter* COMPLEVIT. »

WIMPHEL., *de rer. German.*, cap. 65.

Guttemberg a créé;

Fust l'a aidé de ses conseils et de sa fortune;

Schoiffer a perfectionné.

Tous ces faits sont reconnus, constatés depuis trois siècles; ce n'est donc pas, comme le disent M. Meerman et M. Gockinga, *varier d'opinion* sur le nom de l'inventeur.

A la vérité, Guttemberg se nomme tantôt Pierre [1] Guttemberg, tantôt Jean [2] Guttemberg, quelquefois Genfleish [3] seulement, quelquefois aussi Jean [4] Genfleisch; mais que peut prouver cette différence dans la manière de nommer l'inventeur, si ce n'est qu'à cette époque on défigurait grossièrement tous les noms, et que les littérateurs les plus érudits ne les citaient même qu'inexactement? Voilà pourquoi Fust fut quelquefois appelé Faust et même Gutman [5]; voilà pourquoi Schoiffer fut tantôt nommé Schoiffler [6], Schœffer, Schefer, et tantôt Opilio [7], ce qui ressemblait encore moins au mot véritable que Genfleish à Guttemberg; voilà pourquoi, dans une autre circonstance, l'ermite qui prêcha les Croisades, avait été nommé Pierre, Pêtre, Cucupierre et Cucupêtre; voilà pourquoi M. Meerman a vu Coster lui-même porter à la fois les noms de Laurens, Laurent Janszoon, de Laurent Coster et de Jean Coster.

M. Gockinga ajoute que les Hollandais ont toujours été d'accord sur le lieu de la découverte et sur la personne à qui on la doit : cela est facile à croire. Laurent Coster, possesseur du secret de Guttemberg, vint s'établir à Harlem sans prendre d'*associés;* pendant longtemps il fut le seul imprimeur des Pays-Bas : qui pouvait lui disputer la primauté? On alléguera même une raison plus forte encore,

---

[1] Peutinger, *apud* Scriver. — Laur. Crans, *p.* 55. — P. Langius, *apud* Mallink., *p.* 15, *in fin.*

[2] Trithême. — Palmerius. — Orlandi.

[3] Le père La Guille, *Hist. d'Alsace, p.* 334. — Duv. Kolerus, *apud* Schelhorn, *in Amœn. Litt., t.* 4, *obs., p.* 301.

[4] Wimphelingius.

[5] Jean Crespin, *Et. de l'église, p.* 469.

[6] Catherinot.

[7] Angelus Rocca, *Bibl. vat., p.* 411. — Henr. Pantaleo, *apud* Mallink., *p.* 32; et Arn. Bergellanus, que M. Gockinga appelle, par originalité peut-être, *Berger lanus.*

c'est que si personne en Hollande ne voulut contester à Laurent la gloire de la découverte, c'est que chacun savait qu'il n'en était pas l'inventeur, et qu'il n'avait fait que transporter le secret d'un pays à un autre. Il était créateur pour sa patrie, mais non pas pour l'Europe; il enrichissait ses concitoyens d'un art admirable, mais il le faisait sans un grand effort de génie. Que penserait-on aujourd'hui de l'écrivain qui voudrait trouver dans un Français l'inventeur des machines à vapeur ou des métiers de filature? L'opinion publique serait bientôt uniforme à son égard; on regarderait son assertion comme un rêve; et cependant cet écrivain serait-il plus coupable en fait d'histoire que ne le sont M. Meerman et M. Gockinga?

Il le serait sans doute beaucoup moins, car l'envie de défendre une fausse opinion, et l'avidité qu'il met à saisir des ombres de preuves, font avancer à M. Meerman des idées plus étranges encore.

Jusqu'ici on avait regardé *Jean* Guttemberg comme *un seul* individu, eh bien! l'on s'était trompé; c'est M. Meerman qui nous l'apprend : il nous l'apprend en en faisant deux hommes bien distincts [1]. Seulement, pour ne pas révolter ses lecteurs par une invraisemblance aussi choquante, il ajoute qu'ils étaient *frères de père et de mère;* c'est déjà les rapprocher un peu. Essayons à notre tour de les rapprocher davantage, ou plutôt de les réunir tout-à-fait.

M. Meerman croit donner une raison sans réplique en faveur de son système, parce qu'il cite des vers placés à la fin d'une édition des Institutes de 1468, et dans lesquels il est fait mention de DEUX *Jean, eximios sculpendi in arte magistros.* Mais comment M. Meerman et M. Gockinga ont-ils pu s'en imposer à ce point? Ne savaient-ils pas que Fust portait le prénom de *Jean* comme Guttemberg, et qu'on a voulu, par les vers placés à la fin des Institutes, désigner les DEUX JEAN associés de *Mayence?*

M. Meerman prouve ou cherche à prouver que l'un s'appelait Jean Genfleisch, que l'autre s'appelait Jean Guttemberg; que le second ignorait l'art d'imprimer, et que le premier *servit de maître* à son jeune frère.

Mais quelle étrange bizarrerie que deux frères *de père et de mère* qui porteraient le même prénom, qui ne différeraient entre eux que

---

[1] *Voyez* Prosp. March., p. 12, édit. in-4°. et l'épigramme de Wimphel., rapportée par le même auteur.

par le nom de famille! Et pourquoi ce prétendu frère, qui devait à coup sûr être intéressé dans l'entreprise, n'aurait-il pas été partie au procès entre Guttemberg et Fust [1]? Pourquoi ce prétendu frère serait-il mort inconnu, après avoir vécu en homme obscur, quand l'honneur entier de la découverte devait lui appartenir? Avait-il donc perdu toute ambition, tout sentiment d'intérêt personnel, quand l'électeur récompensa Guttemberg *seulement?* Aurait-il paisiblement éprouvé ce passe-droit sans même réclamer contre son injustice? Et pourquoi, surtout, aucun auteur n'aurait-il parlé de cette parenté, si ce n'est M. Gockinga, après trois cent vingt-cinq ans de silence sur ce fait?

Au surplus, M. Gockinga nous met facilement d'accord sur les fausses hypothèses et l'embarras où pourrait nous jeter son raisonnement. Tous les auteurs qui n'y croient pas, dit-il, *se sont trompés. Ils se sont trompés!* Quelle est la preuve de cette erreur? *Ils se sont trompés!* Voilà, certes, un mot bien léger dans une cause aussi grave. Et comment, pourquoi ces auteurs se sont-ils trompés? Est-ce parce que M. Gockinga croit tout seul que cela doit être?

Maintenant que l'opinion de M. Meerman est exposée, en voici l'historique :

« *Laurent Coster,* en **1431**, suivant *Junius, Scriverius* et *d'autres savans* [2], remplissait, dit M. Gockinga, la *place d'échevin* à Harlem; il occupait une *belle* maison sur le *grand* marché, et il a été l'inventeur de l'Imprimerie. Il ne peut donc qu'être *intéressant* de chercher à connaître *son origine* [3], les *places* qu'il a remplies [4], et les autres

---

[1] La sentence, tirée *de Selecta juris,* etc., de *Senkenberg,* p. 269 et suiv., porte les *deux* noms de Fust et de Guttemberg *seulement.*

[2] Ces expressions sont beaucoup trop vagues quand on écrit avec un tel dénuement d'autorités que le fait M. Meerman. Quels sont ces autres *savans?* Il n'y en a point. Après de nombreuses recherches, je n'ai pu découvrir que huit *écrivains* cités par Mallinkrott. Sans doute si M. Meerman eût pu en rappeler un seul dont le nom fût recommandable en littérature, il n'aurait pas manqué de le faire, pour grossir la liste de ses témoins.

[3] Il était bâtard; c'est M. Meerman qui nous en offre la preuve dans l'arbre chronologique de la maison de Brederode.

[4] Coster cumula, en effet, deux emplois, que M. Gockinga juge très-considé-

TRANSACTIONS de sa vie, ce qui pourra contribuer en même temps à jeter un *grand lustre* sur l'invention de l'art typographique. »

M. Meerman, ou M. Gockinga, n'ont donc pas eu d'autre intention que de jeter un *grand lustre* sur l'invention de l'art typographique, et, à cet égard, leur ambition est fort louable ; mais j'avouerai qu'il est difficile d'en distinguer les motifs. Outre que l'invention brille par elle-même d'un assez grand éclat, il n'était pas indifférent peut-être de remarquer que l'inventeur *allemand* descendait d'une grande famille, et que lui-même il jouissait des priviléges de la noblesse [1].

Quel est donc cet autre lustre que M. Meerman et M. Gockinga ont absolument voulu jeter sur l'art typographique? C'est le lustre des *armoiries* de Laurent Coster, armoiries fort célèbres sans doute, mais *barrées*, marque certaine de l'illégitimité de celui qui les portait. Et M. Gockinga le savait, car il l'a lu dans M. Meerman ; et M. Gockinga le confesse, car il ne tente même pas de réhabiliter Laurent Coster ; cependant voici comme il s'excuse : *Laurent Coster est illégitime, j'en conviens ; mais, quoique bâtard, il n'en est pas moins de la race d'Alfert IX.*

On se demande alors ce que c'était qu'Alfert IX? C'était un seigneur de Brederode. On se demande ce qu'a fait ce seigneur de Brederode? Il n'a rien fait. M. Meerman n'ajoute rien ; voilà, certes, l'Imprimerie fort *illustrée* [2].

---

rables : celui d'*échevin*, qui se recommande de lui-même, et celui de *sacristain de l'église de Harlem*, dont les fonctions, dit encore M. Gockinga, étaient très-distinguées *alors*, et donnaient droit à une grande considération. Je n'ai rien à reprocher, sans doute, à cette apologie des fonctions de sacristain ; mais je pourrais renvoyer M. Gockinga à l'*Histoire d'un Manteau*, de Sterne.

[1] Angel. Rocca, *Bibl. vat.*, p. 410. — Nicol. Serrarius, *de rer. Moguntiar.*, lib. 1. — Ferreolus Loarius, *Chron. belg.* — Melchior Adam, *de Phil. german.* — Andr. Thévet, *de vit. et effigieb. illustr.* — Palmerius Pisanus, *in Chron.* — Polydore Vergile, *de rer. inventor.* — Paul Langius, *Chron. Citizensis.* — Ant. Sabellicus, *in Ennead.* 10, *lib.* 6.

[2] M. Meerman le voulait ; il a bien fallu disputer sur de telles subtilités, puisque chaque fois qu'il tente de persuader, il n'a pas recours à de plus puissantes armes. Il s'agit ici d'un fait historique : quelle est sa preuve? Un arbre généalogique qui n'y a aucun rapport : c'est là sa seule pièce de conviction. Plus d'un lecteur ne serait-il pas alors tenté de lui dire : Qu'ont de commun la noblesse de

Après avoir parlé de l'inventeur, M. Gockinga en revient encore à l'invention. Nous allons suivre sa marche.

Il nous apprend d'abord qu'on commença par se servir à Harlem de *lettres* MOBILES en bois, et que Guttemberg, ayant volé Laurent Coster, s'amusa ensuite (pour faire reculer l'art sans doute) à graver à Mayence des tables fixes.

Des tables fixes!

Il faut le dire, ce raisonnement n'est pas tout-à-fait d'accord avec les principes de l'art. On aurait commencé par découvrir les caractères mobiles; ensuite on aurait préféré la gravure pour revenir encore aux caractères mobiles! cela ne se conçoit guère, et M. Gockinga s'est, je crois, proposé une énigme lui-même, en même tems qu'il la donnait à deviner à ses lecteurs.

Cependant, ne lui en sachons pas mauvais gré; cette phrase seule jette un grand jour sur tout ce que son opinion présentait d'abord d'obscur; elle la concilie entièrement avec l'histoire; elle dissipe tous les doutes qui pouvaient exister.

En effet, dès que (suivant M. Gockinga ou M. Meerman) les PREMIERS essais ont été faits à Harlem avec des lettres mobiles [1], il est physiquement incontestable que les tables fixes ont précédé les caractères mobiles. Ces tables fixes existaient encore dans les archives de

l'inventeur et l'art immortel qu'il a créé? Prouvez d'abord que Coster fut un grand homme, que l'Europe lui dut une découverte précieuse; alors on ne lira pas ses parchemins, on dira qu'il était digne d'en avoir.

La postérité ne sera-t-elle pas bien reconnaissante envers M. Meerman, quand elle saura qu'il a tenté *d'annoblir* l'origine de notre art, et qu'il a eu le talent d'en dérober l'honneur à un simple gentilhomme, pour le décerner au gardien du presbytère de Harlem? N'aura-t-il pas beaucoup de droits à sa gratitude quand elle apprendra que ce dernier était d'une naissance illégitime, et que son père, plus bâtard encore que lui, ayant été pris dans un rassemblement de mauvais sujets à Harlem, ne fut dispensé de la potence qu'en payant soixante écus d'or *? Cependant ce seront là des faits concluans, des faits qui parleront d'eux-mêmes beaucoup mieux que des armoiries. Et combien tant de circonstances honorables ne jeteront-elles pas de *lustre* sur l'histoire de l'imprimerie, sur la famille de Coster lui-même !

* Ordonnance du comte Guillaume de Bavière, du 26 septembre 1408.

[1] Ad. Junius, Scaliger, Boxhorn et Scriverius, c'est-à-dire, le petit nombre d'auteurs du parti contraire, est forcé de convenir de ce fait.

Mayence du temps d'Arnaud de Bergelles, qui les y avait vues, et si Guttemberg avait volé des lettres mobiles, il n'aurait pas gravé des tables fixes. — Comment alors refuser de croire que l'art n'ait pas été apporté de Mayence à Harlem, et que le concierge de l'église de Harlem, ou quelque homme payé par lui, n'ait pas été plutôt le voleur de Guttemberg? Cela est plus que prouvé par l'assertion de M. Meerman et de M. Gockinga.

L'erreur est palpable, sans contredit; mais je suis loin cependant de m'étonner d'une telle contradiction. M. Meerman et M. Gockinga ne sont qu'historiens; tous deux ils ont rapporté ou imaginé des faits : ils n'avaient pas à examiner s'ils pouvaient s'accorder avec la Typographie; c'était seulement à les énoncer que se bornait l'étendue de leurs devoirs. Presque tous les savans, en écrivant sur l'Imprimerie, ont parlé infailliblement une langue qui leur était étrangère : il est bien naturel que chacun d'eux ait sa version.

D'ailleurs, M. Gockinga n'a fait preuve que de bonne volonté en traduisant M. Meerman, et je ne dois pas croire qu'il ait eu la prétention d'approfondir ce qu'il écrivait. Les détails de l'art n'appartiennent qu'aux gens qui l'exercent, et un traducteur érudit se contente de les observer sans leur accorder une attention suivie : une pareille étude deviendrait tout à la fois difficile et fatigante.

A la vérité, on se trouve exposé à commettre de graves erreurs; mais on peut si aisément les relever! Le lecteur le plus inhabile le ferait sans beaucoup de réflexion, et je vais en donner la preuve à M. Gockinga.

Par exemple, en parlant des difficultés qui rebutaient les premiers imprimeurs, il dit que les lettres mobiles étaient jointes les unes aux autres *par des ficelles,* et que le *foulage* de la presse faisait souvent *casser ces ficelles*. M. Gockinga s'est trompé, j'ose le dire; on n'a jamais joint des lettres de bois *avec des ficelles,* et le ridicule d'un pareil procédé sauterait aux yeux avant qu'on essayât de le mettre à exécution. La tradition et le bon sens disent que ces lettres étaient jointes par de petites lames de métal, par des fils de fer; pourquoi donc M. Gockinga a-t-il voulu corriger la tradition et le bon sens?

Le foulage de la presse faisait souvent CASSER les ficelles; voilà qui est encore difficile à entendre. Imprimeurs, machinistes, expliquez, s'il vous est possible de le faire, l'assertion de M. Gockinga. La force d'une vis de quatre à cinq pouces de diamètre pèse sur un fil de chanvre placé horizontalement entre de petites parois cylindriques, très-resserrés, qui le garantissent; aucune autre force ne donne d'extension au fil dans le sens horizontal; la pression agit également, ou plutôt elle n'agit sur lui que d'une manière insensible, parce que les lettres seules en supportent l'effet; et cependant cette force de la vis brise souvent le fil de chanvre sur lequel elle exerce son foulage, quoiqu'elle lui soit étrangère! Avant d'avancer une opinion aussi naïve, il semble que M. Gockinga aurait dû commencer par la bien définir et par l'entendre lui-même.

Si, au lieu de me borner à quelques observations, j'osais jouer vis-à-vis de M. Gockinga le rôle d'un censeur impitoyable, j'aurais pu, sans doute, relever encore d'autres inexactitudes; peut-être même aurais-je cité quelques passages où, employant imprudemment les mots techniques, M. Gockinga parle le langage typographique comme un homme qui ne l'a jamais étudié; mais, encore une fois, pourquoi l'accuser? il a commis de bonne foi ses erreurs, et il a voulu commenter M. Meerman en l'analysant.

Je terminerai donc l'examen de cette partie de l'ouvrage de M. Gockinga, en rappelant seulement un passage où il confond les *matrices* avec les *moules;* un autre où il paraît croire que les poinçons sont de fer ou d'acier; un autre où, après avoir avancé qu'il entrait de l'antimoine et du cuivre dans les caractères des premiers imprimeurs, il ajoute que cette matière était *trop molle* encore pour résister au foulage; et un autre où, à propos de la Bible de Schwarz, il dit qu'il ne faut pas se fier à la marque qu'elle porte, parce que le papetier *avait pu* fournir le même papier à cent imprimeurs différens [1]. Toutes ces fautes d'art, toutes ces distractions sont si peu importantes par elles-mêmes, que M. Gockinga ne trouvera pas mauvais qu'on les ait relevées. Pour lui, sans doute, ce sont de minutieuses vétilles; mais pour le public, ce sont des erreurs.

Je l'ai promis, je n'ajouterai donc rien à la réfutation des idées typographiques du commentateur de M. Meerman; mais malgré moi je dois parler de la partie historique.

Si M. Gockinga n'y apporte pas autant d'inexactitude que dans l'assemblage des mots techniques, du moins rachète-t-il, par une extrême crédulité, cette bonne qualité passagère. M. Meerman avait

---

[1] Du tems de Guttemberg.

fort légèrement adopté dans son ouvrage une historiette de Junius ; M. Gockinga, plus légèrement encore, l'a recueillie dans son analyse, et l'a présentée gravement à la discussion en en rejetant une partie, mais en croyant l'autre bien volontiers.

J'aurais voulu passer encore sous silence cette anecdote de Junius ; je l'aurais voulu pour M. Gockinga ; mais si je le faisais, on pourrait croire que, soit lui, soit M. Meerman, ont puisé à de bonnes sources ; on pourrait se laisser séduire par les fables qui les ont séduits eux-mêmes ; il faut donc rapporter la version de M. Gockinga. En voici l'analyse [1].

Un jour Laurent Coster, n'étant pas de service à l'église, voulut prendre un peu de récréation ; il sortit de la ville, et courut s'enfoncer dans les bois. Bientôt, ennuyé de sa promenade, il coupa, pour se distraire, une branche de hêtre [2], et grava machinalement sur cette branche des lettres à rebours. Pendant qu'il gravait, il lui prit une violente envie de dormir : Laurent Coster alors enveloppa sa branche d'arbre dans une feuille de papier, la mit dans sa poche, et se coucha par terre.

Mais Coster à peine endormi, il tomba une pluie si violente, si imprévue, qu'elle pénétra ses habits sans qu'il se réveillât, et humecta ses poches sans qu'il s'en aperçût. Au bout de quelque tems, il sortit de sommeil, et son premier mouvement fut, non pas de se sécher, non pas de regagner Harlem à la hâte, mais de visiter le morceau de bois qu'il avait mis dans sa poche. Coster fut grandement émerveillé de le voir mouillé ; il le fut encore bien davantage quand il s'aperçut que l'humidité avait imprimé sur le papier des lettres *couleur de foie,* et qu'elles répétaient à droite ce qu'il avait gravé à gauche. Coster ne perdit pas cette occasion de mettre à profit une heureuse découverte : il regagna, malgré l'orage, sa belle maison du grand

---

[1] Cette même anecdote a aussi, d'après Junius, été racontée par le père Orlandi, qui rapporte les autorités pour et contre Mayence ; mais au moins ce sage écrivain l'a-t-il rendue à sa simplicité naturelle :

Lorenzo Costero, custode del palazzo publico in Arleme, trovandosi in campagna, s'avviso d'intagliare i caratteri in legno ; overo, come voglione altri, d'intagliare in tavolette di legno i caratteri a foglio per foglio.

On voit qu'il passe sur toutes les circonstances *fortuites* que rapporte Junius, et qu'il les regarde comme indignes de figurer dans un bon ouvrage.

[2] D'autres veulent que ce soit de chêne.

marché, inventa sur-le-champ les lettres mobiles, et imprima un livre tout latin pour ses petits enfans [1].

Qu'est-il besoin de *commentaire* après un pareil récit? Ne conviendra-t-on pas que s'il n'est pas vraisemblable, il est au moins fort singulier? Ne le trouvera-t-on pas bien préférable à la version trop simple d'Arnaud de Bergelles [2], qui nous apprend que Guttemberg imagina l'Imprimerie en remarquant l'effet que produisait son cachet sur la cire? N'admirera-t-on pas plutôt combien, dans la tradition de Junius, le génie avait d'empire sur Coster, puisqu'il gravait déjà des lettres à rebours sans se douter de leur utilité, et qu'il s'endormait pendant cette opération, sans que ni la pluie ni l'orage pussent le réveiller?

Le but de mon premier paragraphe est rempli. J'avais promis d'examiner ce que pouvait être l'autorité personnelle de M. Meerman, l'autorité personnelle de M. Gockinga; on a dû voir combien toutes deux elles étaient édifiantes en fait d'Histoire et de Typographie.

§ II. — Témoignages en faveur de Harlem, rapportés par M. Meerman.

En m'obligeant de réfuter ces témoignages, M. Gockinga m'a placé dans une dangereuse perplexité : si j'énumère tous ceux qu'il invoque, j'abuserai cruellement de la patience et des lumières de mes lecteurs; si, au contraire, je les passe sous silence, M. Gockinga m'accusera de mauvaise foi. Que pourrai-je donc faire? En parler succinctement, et m'en rapporter *davantage* à l'indulgence du public *qu'à* celle de M. Gockinga.

Or, voici les témoignages qu'il commente en faveur de l'opinion de M. Meerman.

D'abord *le récit de Corneille,* rapporté par Junius; et ce Corneille doit, suivant M. Gockinga, être un témoin irréfragable,

1° Parce qu'il a fait sa déposition à quatre-vingts ans;

2° Parce qu'il se laissait aller à la colère, s'abandonnait à la douleur, et répandait des larmes quand on contrariait son récit;

---

[1] Junius ajoute même naïvement que les petits enfans de Coster étaient les enfans de son gendre.

[2] *Encomion Chalcographiæ,* vers. 57 *et sequent.*

3° Parce qu'il avait long-temps couché dans le même lit que Guttemberg.

A la vérité, Junius n'avait pas appris tous ces détails de Corneille lui-même, mais il les tenait d'un Nicolas Gaël, qui les avait *entendu dire* à Corneille ; mais il les tenait d'un Quiryn Talesius, qui avait été bourguemestre ou bailli, et qui dès-lors ne devait pas mentir.

En effet, toutes ces dispositions paraissent fort vraisemblables. — Mais M. Gockinga les aurait-il rapportées sérieusement?

M. Gockinga aurait-il pu se faire illusion, au point de croire que la longévité de Corneille fût une preuve en faveur de son témoignage? — Bien loin de l'appuyer, cette circonstance tend à le détruire : elle fait craindre que le témoin n'ait eu, à l'époque de son audition, une mémoire fort chancelante; elle fait craindre qu'il n'ait débité à plaisir des fables qu'on ne pouvait contredire sans le faire pleurer.

Et quel est ce Corneille, témoin principal de M. Meerman, dont l'autorité passe encore avant celle Nicolas Gaël et du bourguemestre Talesius? Quel est ce Corneille dont la sensibilité *historique* ne pouvait supporter l'idée même d'un mensonge quant à la découverte de l'Imprimerie? Est-ce un savant, un littérateur? mais alors il serait connu par ses ouvrages. Ce n'est pas non plus un magistrat contemporain; car son autorité l'emporterait sur les opinions contradictoires : ce n'est même pas l'un des l'ouvriers de Laurent Coster; c'est son domestique.

Ainsi les registres de Harlem auront démenti les faits avancés par Junius; ainsi plus de cent auteurs l'auront condamné; ainsi plus d'un siècle se sera écoulé entre la découverte et la réclamation de Junius : et toutes ces preuves seront nulles; elles le seront, parce que M. Gockinga l'assure; elles le seront, parce qu'un domestique l'a dit avant lui.

Ne trouvera-t-on pas encore presque imprudente la confiance qu'il paraît mettre dans sa dernière assertion, celle que Corneille a long-tems couché dans le même lit que Guttemberg ! Comment supposer qu'un homme, tel que l'histoire nous peint Guttemberg, d'une extraction noble [1], maître d'une fortune assez considérable pour possé-

---

[1] Les archives de Strasbourg ne sont pas muettes comme celles de Harlem ; car on y trouve au moins des traces de l'invention. Les registres d'état civil attestent également l'existence et la noblesse de Guttemberg ; on y trouve même deux lettres écrites de sa main.

der un palais dans sa patrie, et pour entreprendre seul les premiers essais de son art, ait pu partager le lit du domestique d'un sacristain de Harlem !

Et qu'on ne vienne pas dire que ces circonstances de noblesse et d'opulence, qui militent en faveur de Guttemberg, sont des faits controuvés : non-seulement cette opinion est reçue parmi les bibliographes et les savans, mais des preuves authentiques, des pièces qui ont échappé aux ravages du tems, en font foi encore aujourd'hui ; elles attestent que Guttemberg était une des plus anciennes maisons d'Allemagne ; elles transmettent sa correspondance avec une de ses sœurs, religieuse à l'abbaye de Sainte-Claire, relativement à des rentes qui appartenaient à chacun d'eux pour moitié ; elles se joignent aux registres mêmes de Strasbourg pour fixer irrévocablement l'incertitude des historiens sur la personne de Guttemberg, et pour établir son existence civile.

M. Meerman a tellement senti que ce témoignage d'un domestique était sinon ridicule, au moins peu digne de croyance, qu'il s'est empressé d'en adjoindre d'autres, et pour nouveaux acteurs il a choisi tout exprès des personnages aussi importans et aussi connus que Corneille lui-même.

Le premier, après Corneille, est un écrivain public que M. Gockinga décore du titre bizarre de *calligraphe,* précaution nécessaire peut-être, pour annoblir son témoin. Ce calligraphe, que l'on nomme Ulric-Zell, prétend aussi que les Hollandais ont connu l'imprimerie avant qu'elle ne fût établie à Mayence. A la vérité, il ne s'appuie d'aucune preuve ; il n'a même pour lui ni reliques ni documens ; mais il était de *Mayence,* dit M. Gockinga ; *il a sacrifié sa patrie au désir de dire la vérité,* et l'on ne doit pas hésiter à le croire. Personne n'hésitera donc, et M. Gockinga ne se permettra pas de douter de la pureté de conscience d'un écrivain public ; cependant, j'avouerai que je préfère encore à cette déposition des titres aussi solides que le sont ceux de Strasbourg, et des autorités aussi respectables que le sont celles en faveur de Mayence.

Le troisième témoin est un anonyme dont l'ouvrage a depuis servi à Richard Atkins.

Que dit cet anonyme ?

Il avance formellement que Guttemberg est l'*inventeur*, puis il ajoute que Guttemberg a inventé à Harlem.

Voilà peut-être deux opinions bien contradictoires? Point du tout : M. Gockinga les a su concilier : « Prenez, dit-il, celle qui m'est favorable, et rejetez l'autre, tout sera éclairci. » — Il a raison, la ressource est infaillible pour sortir d'embarras ; mais qui empêche que les habitans de Mayence n'y aient aussi recours dans le sens contraire?

Vient enfin un témoin important, M. Jean van Zuuren, lequel était membre de la régence et jurisconsulte à Harlem.

Voyons ce qu'a pu attester M. Jean van Zuuren.

Il n'a rien attesté de vive voix ; il a écrit, il a fait un ouvrage relatif à l'imprimerie, et cet ouvrage *est perdu.* Il est vrai, dit M. Gockinga, que je ne l'ai jamais vu ; il est vrai qu'on ne le trouve même dans aucune bibliothèque ; mais j'ai ouï dire qu'il renfermait de fort bonnes choses, et qu'il parlait en faveur de Laurent Coster.

De plus, ajoute-t-il, M. Jean van Zuuren, qui s'était fait imprimeur, avait pour compagnon et pour ami M. Thiéri Volkertzoon Koornbert, notaire public de Harlem et graveur, et M. Thiéri Volkertzoon Koornbert partageait l'opinion de M. van Zuuren.

Voilà donc deux témoins d'accord.

Cependant ils auront encore une grande prévention contre eux ; car M. Meerman ne cite ni leurs écrits ni leurs témoignages : il se contente d'assurer qu'ils ont dit, et lui-même n'en est pas bien certain ; car il n'a pas lu leurs ouvrages. Or, si M. Meerman en est encore à douter, qui oserait se permettre d'aller au-delà?

M. Gockinga, dans son édition in-8°, a rendu la déposition du jurisconsulte et du notaire plus intéressante encore. Il dit que ces deux bons amis publièrent chacun leur ouvrage à des époques différentes ; que le premier fit paraître le sien en 1459, et l'autre seulement en 1561. Que penser de ces deux dates ? Il faudrait donc renoncer alors à faire de ces témoins *deux bons amis,* quand bien même ils auraient eu la longévité des patriarches. M. Meerman n'avait pas commis cette erreur ; pourquoi M. Gockinga a-t-il tenté de le corriger? J'aurais voulu pour sa gloire que ce fût une faute d'impression ; mais j'ai trouvé la date répétée deux fois [1].

---

[1] Peut-être ai-je grand tort de relever en chronologie une erreur aussi légère que celle d'un siècle : le texte hébreu , la version des Septante , et le texte samaritain de l'Ecriture , n'ont-ils pas entre eux une différence d'époques plus grande encore ?

§ III. — Les auteurs cités par M. Meerman et M. Gockinga.

Nous voici parvenus à la partie la plus importante de la réfutation ; nous allons parler des autorités sur lesquelles s'appuie M. Meerman.

Commençons par Junius, le plus célèbre, ou plutôt le moins ignoré de tous, celui à qui M. Meerman et M. Gockinga paraissent vouloir s'attacher exclusivement, et sur le secours duquel ils comptent davantage.

Et d'abord ce Junius, né en 1512, et mort en 1575, n'est-il pas déjà un juge fort incompétent pour un fait qui s'est passé soi-disant en 1437? Ce Junius n'est-il pas condamné par tous les auteurs qui l'ont précédé, et qui n'ont jamais dit ni même entendu dire qu'il existât la moindre prévention en faveur de Harlem? Jean Trithème[1], qui écrivait en 1461; Jacob Wimphelinge, qui parut à Spire, en 1494; Conrad Peutinger, à Augsbourg, vers 1490; Conrad Celtes, son contemporain; Sabellicus, à Venise, en 1484; Laurens Walle, qui se fit connaître avant eux; Arnaud de Bergelles, qui publiait son Encomion en 1542; Philippe Béroalde[2], Polydore Vergile, Paul Langius, et une foule d'autres savans qui, tous, avaient vécu avant Junius, et n'avaient sans doute aucun intérêt à attribuer l'invention de l'Imprimerie à Mayence plutôt qu'à Harlem, ne paraissent-ils

---

[1] *L'abate Tritemio.....,* che fu contemporaneo all' invenzione di questa grand' arte, *e che mori nel* 1516, asserisce *che Giacomo Guttembergo, nativo d'Argentina, ma da gran tempo cittadino in Magonza,* fusse il primo *che speculasse, e* con molti esperimenti, *mandasse in esecuzione* i primi aborti *della stampa.... anzi chè.... con l'ajuto et consiglio di Giacomo Fust, detto Fausto..... riducesse in quatche buona positura l'invenzione.* (Orlandi, *Orig. della Stemp.*)

Cette autorité du père Orlandi est, je crois, d'un grand poids, en raison de l'impartialité qu'il apporte dans la décision entre Mayence, Harlem et Strasbourg.

[2] Ce Philippe Béroalde, contemporain de la découverte, comme Jean Trithème, s'écrie :

O Germania, muneris repertrix,
Quò nihil utilius dedit vetustas,
Libros scribere quæ doces premendo !

pas plus dignes de croyance que M. Meerman ou M. Gockinga? ne
forment-ils pas, dans leur réunion imposante, une autorité beaucoup
plus respectable que la leur?

Mais admettons qu'à lui seul Junius doive l'emporter sur plus de
cent auteurs qui avaient paru avant lui, et qui semblaient d'avance
avoir démenti son opinion; supposons que ce ne soit ni par esprit de
paradoxe, ni par le désir d'illustrer sa patrie aux dépens de la vé–
rité, qu'il ait recueilli la prétendue version de Corneille, dans sa
Batavia[1]; supposons plus encore, qu'il ait découvert des secrets historiques que ses prédécesseurs n'avaient pu encore pénétrer; admettons
tout cela, et voyons si son récit peut d'ailleurs commander l'attention et mériter la confiance.

Laurent Coster était oublié depuis long-temps, ou plutôt il éprou-
vait le sort commun à tous les hommes obscurs. L'opinion des bibliographes était uniforme à son égard, et l'on n'hésitait pas à penser
que ses travaux n'eussent *suivi* les essais de Guttemberg.

Tout-à-coup, un Hollandais, Adrien Junius, pensa qu'il pouvait
être utile à sa patrie de jeter quelques nuages sur l'histoire du quinzième siécle, et d'établir une incertitude dont le résultat pût être favorable aux habitans de Harlem.

Un paradoxe éblouit dès qu'il flatte. Junius n'eut pas plutôt conçu
son plan, qu'il voulut le mettre à exécution. Il imagina d'abord d'établir la création de l'Imprimerie en Hollande; puis, trouvant que la
distance était trop grande de Mayence aux Pays–Bas pour que Guttemberg y eût exercé son art avant de le faire connaître à Strasbourg
et à Mayence, il chercha dans son imagination un autre homme qu'il
pût nommer *inventeur*.

Parmi les anciennes familles de Harlem, les unes paraissaient trop
obscures à l'historien hollandais, et les autres étaient trop élevées en
dignités. Un *inventeur* choisi dans la première classe eût déplu, parce
que la nouveauté exige toujours un peu d'éclat; dans l'autre, ses
moindres actions eussent été trop facilement connues, et l'assertion
fabuleuse démentie trop aisément. Junius voulait un homme dont le
nom fût presque illustre, mais dont la vie ne le fût pas. Après de

----

[1] Imprimée à Leyde en 1575.

longues recherches, le nom de Laurent Coster frappa ses yeux; il s’y arrêta.

Ce Laurent Coster était le bâtard d’une grande famille; c’était à la fois un titre de recommandation et d’oubli. Il avait passé sa vie dans l’église de Harlem, dont il avait été sacristain; c’en était assez pour que ses démarches fussent inconnues, et pour que l’on pût lui attribuer toutes les actions les plus invraisemblables : Junius le choisit donc pour le héros de son roman.

La mise en scène n’était cependant pas facile; on ne pouvait faire parler ce Coster, mort très-paisiblement depuis plus d’un siècle, sans s’imaginer qu’un jour il deviendrait célèbre; on ne pouvait non plus s’appuyer d’aucun auteur, puisque cette création subite d’un *inventeur* à Harlem ne provenait que de l’imagination d’Adrien. Mais que ne peuvent le génie d’un écrivain du seizième siècle et l’amour de son pays! Junius eut recours à de rares subtilités, et à l’aide d’une nouvelle fable il coupa le nœud gordien.

Un témoin aussi respectable qu’authentique, disait-il, m’a appris que la découverte devait être attribuée à Harlem, et non pas à Mayence, comme toute l’Europe le croit depuis plus d’un siècle. Mon témoin, c’est le domestique de l’inventeur; cet inventeur, c’était Jean-Laurenzoon Coster, bâtard de Bérolde, sacristain à Harlem, et homme de bien s’il en fût. Il devait acquérir, par son invention, une gloire immortelle; mais elle lui fut ravie par un méchant qui lui vola son imprimerie pendant la nuit de Noël, et qui s’enfuit ensuite à Mayence. A la vérité, personne n’a jamais rien su de cet événement, mais le domestique de Laurent Coster m’a tout conté, et il ne m’a rien appris qu’il n’en eût encore les larmes aux yeux : n’est-ce pas là ce qu’on appelle un fait incontestable?

Sans doute, puisque M. Meerman le dit, on doit le répéter; mais ne faudrait-il pas aussi, pour croire à la réalité du vol de Guttemberg, que les autres villes, qui réclament avec autant de droit que Harlem l’honneur de la découverte, fussent d’accord entre elles sur le nom du voleur ou sur le fait même du larcin? Non-seulement Harlem se plaint de ce qu’on lui a dérobé le secret, mais Strasbourg en dit autant, Strasbourg élève la même prétention[1], et cependant ce

---

[1] *Giacomo Carmelitano e Giacomo Mentelio, asseriscono che la lode di prima sede*

Guttemberg, dont la ville entière de Harlem veut aujourd'hui, en dépit de l'histoire, faire un homme sans génie, ce Guttemberg ne pouvait pas, en même tems, enlever le secret et les ustensiles à Harlem, tandis qu'il les enlevait à Strasbourg. Peut-être bien en eut-il l'intention, car un réfutateur ne connaît rien aux consciences ; peut-être même eût-il exécuté son projet, mais la distance d'une ville à l'autre fut un des principaux obstacles qui l'arrêtèrent.

Malgré ses préventions, M. Meerman ignore encore un autre fait bien moins favorable à la réputation de Guttemberg ; il s'agit d'un vol qui, s'il eût été prouvé, aurait fait tomber son auteur entre les mains des mandarins, ou des exécuteurs de leur justice, car la scène se passait près du fleuve Jaune. On se demande comment le baron de Zumjungen s'exposait à être frotté de miel ou frappé de coups de bâton à Pékin, tandis qu'il habitait Strasbourg : rien n'est cependant plus facile à concilier. La jalousie était peu disposée à accorder à Guttemberg la gloire de la découverte, elle voulait trouver en lui un fripon plutôt qu'un grand homme : déjà plus d'un voyage lui avait prouvé que la calomnie ne gagne rien à courir de ville en ville ; qu'elle n'est jamais moins prophétesse que dans le pays qui l'a vue naître ; et qu'une fois démasquée, on la juge à Paris comme à Londres : elle la fit donc changer de climat, et plaça son théâtre fantastique en Asie. Elle supposa que Guttemberg, armateur d'un vaisseau marchand, était venu tout exprès à Quanton pour enlever aux Chinois le secret d'un art admirable dont il n'avait jamais ouï parler [1] ; que de Quanton, Guttemberg avait passé à Pékin, de Pékin à Strasbourg, de Strasbourg à Mayence, et qu'ainsi était née l'Imprimerie.

Cependant M. Meerman n'a pas voulu se fixer sur ce passage. En lisant Prosper Marchand, il n'a pas voulu user de l'adage *qui semel fur semper fur;* il craignait qu'on ne rétablît cet adage dans sa pureté primitive. — M. Meerman s'en est tenu à la version de Junius.

---

della Stampa attribuire si debba alla città d'Argentina, fondati sull' autorità di certa loro cronica, nella quale leggesi, che l'anno 1440, fu trovata l'invenzione della Stampa in Strasburgh, da Giacomo Mentelio, il di cui servo *Giacomo Genfleish, Magontino, si associò* * *con Giacomo Guttembergo, che già meditava l'invenzione,* et gli conferì i segreti appresi dal padrone.—Orlandi, *Orig. e prog. dell' art. impress.*

[1] Prosp. March., édit. in-4°, pag. 16, à la note.

* Voyez l'Observation, pag. 38, note [1].

Revenons donc à cette version.

Elle nous apprend que Guttemberg, qui avait paru pour la première fois à Harlem en 1459 [1], avait couché à Harlem en 1437 avec le domestique de Coster, pendant qu'il habitait Strasbourg; qu'à la même époque il avait épié les travaux de son maître, lui avait dérobé son secret, et ensuite avait pris la fuite pour éviter le courroux de Coster. A la vérité, tout cela se passait en 1437, c'est-à-dire trois ans, selon le calcul de la régence de Harlem, avant que l'Imprimerie eût été inventée? Mais qui empêchait Guttemberg de dérober le secret avant qu'il ne fût découvert?

Rien, sans doute, dans un temps où la magie régnait encore, car il avait joint aux mauvaises mœurs l'impiété la plus notoire. C'était quand tout le monde était à l'église que Guttemberg avait emporté le secret, les caractères, les instrumens nécessaires à l'exécution! C'était au milieu de la nuit de Noël qu'il avait enlevé les presses, les matières premières, pour s'enfuir ensuite précipitamment à Mayence, en passant par Amsterdam et par Cologne!

Pourrait-on encore ne pas croire Junius, quand on voit avec quelle sagesse et quelle profonde réflexion il a dressé le procès-verbal de ce délit? Rien n'est oublié dans l'acte; tout, au contraire, tend à le revêtir du caractère le plus imposant. L'époque précise, la nuit de Noël, l'absence des maîtres et des surveillans que la solennité retient à l'église, l'objet du vol, la description même des objets volés, la route qu'a suivie le voleur, la retraite qu'il a choisie; en voilà plus qu'il n'en faut, sans doute, pour que tous les faits çoïncident entre eux.

La raison répugne un peu à la croyance de ces événemens; mais qu'ont de commun la raison et le récit de Junius? On imaginera toujours facilement comment un voleur a fui au milieu de l'hiver avec les presses et tous les instrumens nécessaires à une imprimerie, en escaladant les murs de Harlem dont les portes étaient fermées. On ne s'étonnera pas de ce qu'il a choisi, pour s'enfuir, une nuit où personne ne dort, et où chacun, au contraire, parcourt les rues pour se rendre à l'église : les aventuriers sont toujours téméraires. Le bruit du déménagement du voleur, la vue des presses, des caractères, spectacle très-nouveau pour les habitans, rien, il est vrai, n'excite leur attention, rien n'attire leur curiosité; les gardes, les gens qui veillent

---

[1] Antoine Wood. — Atkins. — Maittaire. — Prosper Marchand.

à la police, souffrent paisiblement qu'on travaille pendant une fête;
ils n'arrêtent même pas un homme qui fuit avec des effets au milieu
de la nuit de Noël; ils restent immobiles, parce que cela doit être.
Alors le voleur, soit par crainte, soit par ambition, emporte seul,
sans associés, sans complices, les presses et les caractéres dans ses
bras; avec ce léger fardeau, il fait dans une nuit quatre grandes
lieues sans s'arrêter, et ces quatre lieues le conduisent tout d'une
haleine à Amsterdam. D'Amsterdam il s'enfuit, et court à Cologne;
de Cologne il s'enfuit encore, et court à Mayence; là il juge conve-
nable de s'arrêter [1].

L'anecdote présente donc un caractère d'invraisemblance qui re-
buterait le lecteur le plus intrépide; mais qu'on y réfléchisse, l'aventure
est du quinzième siècle, et les hommes devaient être, sans doute, plus
robustes que dans le dix-huitième. Polyphême, jadis, ne souleva-t-il
pas à lui seul un rocher pour écraser Ulysse? Turnus ne lança-t-il
pas contre Enée une pierre que douze hommes, du temps de Virgile, auraient eu peine à porter? On saisit facilement la proportion
mathématique : du temps d'Ulysse on soulevait les rochers; sous Evandre
on lançait des pierres énormes, et en 1437 un seul individu fuyait
avec une presse!

Cependant M. Meerman et M. Gockinga ne se sont pas contentés
de la proportion mathématique, ils ont encore voulu distraire, dans
le récit de Junius, le vrai d'avec le faux : la force de Guttemberg leur
paraissait trop voisine de celle de Samson, d'Hercule ou d'Antée; ils
ont présumé qu'Adrien faisait des métaphores, et qu'il en disait beaucoup pour qu'on en crût quelques-unes. Mais comment M. Meerman
et M. Gockinga ont-ils pu pousser l'ingratitude envers leur principale autorité, jusqu'à l'accuser de placer des métaphores dans l'histoire? Ne valait-il pas mieux paraître un peu moins rhétoriciens, et

---

[1] « Is, ad operas excusorias sacramento ductus, postquàm artis jungendorum
« characterum fusilium typorum peritiam, quæque alia eam ad rem spectant,
« percaluisse sibi visus est, captato opportuno tempore (quo non potuit ma-
« gis idoneum inveniri), ipsà nocte quæ Christi natalitiis solemnis est, CHORAGIUM
« TYPORUM involat, INSTRUMENTORUM HERILIUM ci artificio COMPARATORUM SUPPELLEC-
« TILEM convolat, deindè CUM FURE domo se proripit. Amstelodanum principio
« adit, indè Coloniam Agrippinam, donec Moguntiam perventum est, etc. »
(Adr. Jun., *Hist. Batav.*, cap. 17, pag. 253, édit. de Leyde, imprimée en 1587
par Fr. Raphelange.)

laisser à Junius toute sa gloire ; car les lecteurs ne s'y tromperont pas, le passage est écrit fort simplement, et rien n'annonce que l'auteur ait voulu y semer des traits d'élégance.

Cela ne serait rien encore, mais on a voulu se dégager envers lui de tous les liens de la reconnaissance. Il avait laissé une version, on l'a traduite par une autre. Junius avait dit que le voleur s'appelait Fust ; M. Meerman, qui sait son histoire, et qui a lu que Fust, avant 1440, n'avait jamais quitté Mayence, M. Meerman a traduit le nom de Fust en celui de Guttemberg, dans l'espérance de contredire plus facilement les registres de Strasbourg que ceux de Mayence ? N'est-ce pas, vis-à-vis de l'auteur de la *Batavia*, payer un bienfait par la plus honteuse indifférence ?

Après Junius, M. Meerman et M. Gockinga citent des noms fort durs : Boxhornius, Rutgersius, Scaligersius et la chronique de Cologne.

M. Gockinga le voulait, il m'a fallu les lire ; et après l'avoir fait, j'ai pensé que sa modestie avait sans doute été poussée trop loin ; car ses lecteurs auraient préféré peut-être l'opinion personnelle de M. Meerman, telle qu'elle est, à celle d'écrivains aussi décrédités en littérature que ceux qu'il a cités.

L'un, Boxhorn, très-piqué contre le doyen de Munster, qui ne voulait pas être de son avis, lui prouva par un pamphlet injurieux, qu'il devait avoir tort. Il était bien au-dessous de Boxhorn d'examiner la question en elle-même ; il pensa comme le Basile de Beaumarchais, qu'il était plus sûr de revêtir d'épithètes sonores celui qui défendait l'opinion contraire ; et, certes, le doyen aurait pu croire un moment sa réputation littéraire attaquée, si l'ouvrage eût été lu.

Scaliger et Rutgersius agirent avec plus de prudence ; ils s'appuyèrent sur un livre imprimé *avant les Essais de Mayence*, et c'était un titre valable ; mais, dans la crainte d'engager une contestation avec les incrédules, ils commencèrent par prévenir le public que le livre était perdu [1]. En vain les incrédules demandèrent-ils qu'on leur prouvât qu'il avait existé, qu'on en rapportât au moins des traces, des vestiges ; Scaliger leur imposa silence avec une seule phrase : « Madame la fille du comte de Laudron avait un exemplaire de ce livre ; nous le lui ferions attester encore si elle n'était pas morte ;

---

[1] M. Gockinga nous a déjà prouvé, au sujet de l'écrit de M. Jean van Zuuren, que c'était là le sort de tous les ouvrages imprimés avant 1440.

mais, avant de mourir, elle perdit cet exemplaire, car un jour sa levrette le rongea, de quoi Jules César fut bien fâché[1]. »

Le dernier auteur en faveur de MM. Meerman et Gockinga est le rédacteur de la *Chronique de Cologne*, et sans doute c'est un puissant auxiliaire; car il dit lui-même dans sa préface qu'il n'a rien avancé que d'après les auteurs les plus célèbres, tels que Julius Ier, empereur de Rome, et les Chroniques de Flandres et de Gueldres. C'est aussi à ce rédacteur que l'Europe a dû l'histoire de la papesse Jeanne, histoire reconnue authentique par plus d'un savant, et à laquelle les gens censés croient maintenant aussi volontiers qu'ils croiront un jour à celle de Laurent Coster.

Un homme qui écrit comme l'a fait M. Meerman, un autre qui traduit comme l'a fait M. Gockinga, ont-ils donc laissé surprendre leur religion, en fait d'histoire, par Boxhorn, Rutgersius, Scaliger, le rédacteur de la *Chronique de Cologne;* ou bien ont-ils eu, en les mettant en scène, autant de bonne foi qu'en avait notre Lafontaine quand il fit parler ses acteurs? On ne saurait répondre ni à l'une ni à l'autre de ces questions, parce que ce serait imprudemment compromettre la religion et la bonne foi de deux savans qui ne voulaient rien autre chose que la gloire de Harlem; mais on pourrait penser que, par un élan généreux, ils ont fait à leur patrie le sacrifice de leurs réputations littéraires. Cicéron, dont l'autorité n'est pas à dédaigner dans une querelle du quinzième siècle, Cicéron l'avait avancé jadis, il l'avait dit avant que MM. Meerman et Gockinga n'eussent tenté d'en fournir la preuve[2].

§ IV. —L'inscription placée à Harlem, dans la façade de la maison de Coster.

MEMORIÆ SACRUM.

—

TYPOGRAPHIA,

ETC.   (*Vide page* 17).

CIRCA AN. CIƆ CCCC XXIX.

Telle est l'inscription que M. Meerman présente comme une de ses preuves infaillibles et comme sa dernière autorité.

---

[1] Scaligeriana, édit. de la Haye, in-8°, p. 173.

[2] Chari sunt parentes, chari liberi, propinqui, familiares; sed omnes omnium charitates patria una complexa est : pro qua quis bonus dubitet mortem oppetere, si ei sit profuturus? (Cicero, de Offic.)

Sans doute si la régence de Harlem a fait graver cette inscription en 1429, ou même en 1439, on ne contestera plus que Laurent Coster ne soit l'inventeur, et qu'Harlem n'enlève à Mayence la primauté; mais il n'en est pas ainsi.

La date de 1429 que porte l'inscription n'est pas très-ancienne; elle a été substituée à une autre de 1440 qui, dit M. Meerman, avait été mise par erreur. Par erreur, soit; mais je crois apercevoir beaucoup de mauvaise foi dans ces variations de dates. Pourquoi l'invention de l'Imprimerie remonterait-elle à 1429, si Laurent Coster, d'après Junius, n'a trouvé le secret qu'en 1437; si, comme l'affirme M. Meerman et tous ses auxiliaires, il n'y avait rien encore de connu auparavant 1437? Cet empressement à faire naître l'Imprimerie avant qu'on y pensât; cette prévoyance d'antidater de huit ans de peur qu'aucune autre ville ne vînt réclamer, n'annoncent-ils pas, sinon une grande erreur, du moins un vif amour-propre national, et une grande envie de donner un démenti à l'histoire? *Nimia precautio dolus.*

Ensuite, comment faire concorder cette date de 1429 avec les premières éditions qui parurent? On avoue que ce ne fut qu'en 1450 qu'on imprima avec le secours des lettres mobiles, et on aurait publié pendant vingt-un ans des éditions faites avec des caractères de bois, sans qu'il en restât aucune trace!

La date de 1440, placée d'abord au bas de l'inscription, ne serait guère plus favorable au système de M. Meerman, car elle tendrait à faire naître l'Imprimerie à Harlem et à Mayence, précisément à la même époque, et à détruire alors toute idée du vol que l'on impute à Guttemberg; mais cette date de 1440 n'est pas plus véridique que celle de 1429, puisqu'il est impossible, si ce n'est par des moyens diaboliques, que Laurent Coster ait découvert, la même année, le même secret que Guttemberg, par les mêmes moyens, en employant les mêmes procédés. De plus, il est singulier de voir M. Meerman s'appuyer de cette inscription de 1440, quand on l'a vu donner pour date de l'invention l'année 1437, et dire ensuite que le véritable millésime de l'inscription était 1429.

M. Meerman a remarqué avec chagrin cette contradiction; il a prévu qu'on lui en ferait le reproche; et voici comment il a essayé de le réfuter : « Quoi! dit-il, il ne resterait rien pour la Hollande que l'impression avec des lettres fixes [1]! Et si c'est là tout ce qu'on doit à Laurent, les magistrats de Harlem devraient donc faire disparaître les monumens qu'on a érigés à sa mémoire, pour ne pas se rendre ridicules aux yeux des étrangers, et méprisables à ceux de leurs propres concitoyens. »

M. Meerman a raison, on ne doit jamais donner un démenti à des monumens; c'est l'argument le plus fort qu'il puisse employer pour convaincre. Cependant si M. Meerman établit toute l'authenticité de l'histoire de Hollande sur la conscience des magistrats de Harlem, ne sera-ce pas de sa part les compromettre un peu trop? Ne sera-ce pas aussi les accuser à tort, puisque les magistrats qui firent graver l'inscription n'étaient pas les mêmes que ceux qui avaient *vu* Laurent Coster, et qu'ils pouvaient être trompés par un mensonge? Ne sera-ce pas vouloir attaquer les magistrats de Mayence à leur tour, que de vouloir défendre aussi vivement ceux de Harlem; et si M. Meerman ou Gockinga se plaisent à renouveler ainsi la discorde entre les deux villes, que deviendront-ils dans cette guerre de magistrats à magistrats, sur la célébrité de leur pays et la délicatesse de conscience?

Moins hardi sans doute que ne l'a été M. Meerman, je ne me permettrai pas de dire que cette inscription ne fut gravée qu'à la sollicitation de quelques gens fort peu sûrs de leurs faits, et qui s'appuyaient de la tradition de Corneille, comme Adrien Junius lui-même; je ne me permettrai pas de dire que les magistrats de Harlem l'ordonnèrent, parce qu'elle faisait honneur à la ville; mais sans attacher beaucoup d'importance à son exactitude. Un jeune auteur doit garder le silence sur ces graves sujets; il doit attendre qu'il ait lu avec fruit les ouvrages de M. Meerman ou de M. Gockinga : hors de là ses preuves ne sont que des doutes; s'il partageait leur opinion, ses doutes seraient des preuves.

Cependant les magistrats de Harlem seront-ils méprisables et ridicules pour avoir transmis une fable qui flattait l'amour-propre national, et dont ils ne cherchaient pas à vérifier l'authenticité? Seront-ils plus coupables que ne le furent les magistrats des villes qui se disputaient jadis la gloire d'avoir donné le jour à Homère [2]? Le seront-ils

---

[1] Elle ne resterait même pas; car on ne peut pas plus attribuer l'*invention* des lettres fixes que celle des lettres mobiles à la Hollande : elle n'a rien *inventé*.

[2] . . . . . *La varietà delle opinioni sopra il preciso paese e primi inventori della*

plus que ceux des villes portugaises qui s'accordaient aussi peu sur la naissance du Camoëns? Le seront-ils plus que les habitans de Strasbourg, de Bâle, de Rome, de Dordrecht, de Nussembourg, qui ont élevé les mêmes prétentions que Harlem, et qui n'ont pas obtenu un plus heureux succès?

Un jeune auteur doit encore ignorer tout cela; mais si jamais, avec plus d'années, il pouvait acquérir plus de maturité, plus d'ambition, il emploierait ses loisirs à composer un gros livre pour convertir M. Gockinga. Cette homélie profane serait alors à son tour réfutée jusqu'à ce que son rédacteur la défendît; on oublierait l'histoire de Coster pour s'attaquer réciproquement : l'auteur du gros livre perdrait à la fois son tems, son bonheur, sa fortune et sa gaîté; mais il occuperait aussi le rayon d'une bibliothèque, et pourrait espérer en mourant qu'il en fera disputer d'autres après lui.

En effet, un succès passager, une gloire éphémère, des haines inextinguibles, une vie agitée, et bientôt l'obscurité la plus profonde, voilà tout ce que l'on doit espérer, quand on entre en lice avec des savans. L'histoire est comme une glace; plus elle vieillit, moins elle est vraie, et son éclat ne saurait se rétablir avec des calculs ou des conjectures; il faut laisser au tems exercer son empire, et s'il fait varier des monumens éternels, il peut bien sans doute anéantir les nôtres. La nature elle-même a des erreurs; pourquoi l'esprit humain en serait-il exempt? C'est une tâche difficile que d'essayer de relever ces erreurs, et de prouver au public qu'à soi seul on a plus de sagacité que tout le monde. L'amour-propre de chaque individu est fortement intéressé à ce qu'un tel principe ne devienne pas axiome; et plutôt que d'accorder un mot à son rival, quel savant, fidèle à l'esprit de contradiction, n'écrirait pas un volume?

A la vérité, si chaque homme instruit conserve en silence son opinion sur l'histoire et les traditions, les lumières ne feront pas de grands progrès; mais si chacun aussi veut publier la sienne, et surtout la faire prévaloir, qu'en arrivera-t-il?

Peut-être ne devrait-on écrire ou controverser que sur des sujets

---

Stampa, hà partorito tante discrepanze di pareri, a guisa di Omero, la patria di cui resta indecisa, usurpandoselo molte e diverse città, per la gloria di si gran figlio ; che sarà d'uopo riferirne molte, per appoggiarsi poi alla più probabile di quella. (Orlandi, Origin. della Stampa, p. 8, édit. in-4°.)

qui nous soient depuis long-tems familiers, et auxquels on ait consacré de laborieuses études ; peut-être ne devrait-on rien avancer, sans
avoir auparavant consulté le bon sens, sans s'être aidé de l'expérience,
et surtout sans avoir dépouillé l'esprit de parti ; peut-être encore ne
devrait-on pas, sur de vaines probabilités ou sur des bruits popu-
laires, essayer d'établir des faits historiques ; peut-être..... mais je
m'arrête, ce serait trop douter.

Quant à M. Meerman, il aimait à la fois la gloire littéraire et son
pays ; il fallait qu'il publiât un Traité sur l'Imprimerie. Junïus,
aussi hollandais, en avait fait autant avant lui ; il avait créé des témoins hollandais, des auteurs hollandais, et tout récemment Junius
a été commenté par un traducteur hollandais. Le plus grand tort de ces
ouvrages n'est donc que d'avoir traversé l'Escaut ; et en France même,
si on n'y ajoute pas foi, ils pourront au moins être lus par curiosité, et prétendre aux succès dont jouissent quelquefois les productions exotiques. Junius et M. Meerman ne persuaderont pas ; mais
qu'est-ce qu'une si légère disgrâce, quand on peut d'ailleurs offrir au
public une opinion nouvelle, et surtout, comme le disait Dacier,
quand la remarque subsiste ; ils ne persuaderont pas, il est vrai, mais
en cela ils ne feront que partager l'infortune d'une foule de personnages célèbres ; et s'ils comptent quelques partisans, ils seront plus
heureux encore que ne le furent Joseph près de ses frères, Cassandre
à Troie, la Sibylle avec Tarquin, et le docteur Gall à Paris.

FIN DE LA RÉFUTATION.